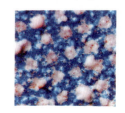

口絵 1　カラー印刷物の劣化促進試験
（上）　各種のガスに曝露した資料片
（右上）ギ酸曝露部分の拡大．赤色が退色している．
（右下）酢酸曝露部分の拡大．コート紙に含まれているカルシウムと
　　　　反応している．

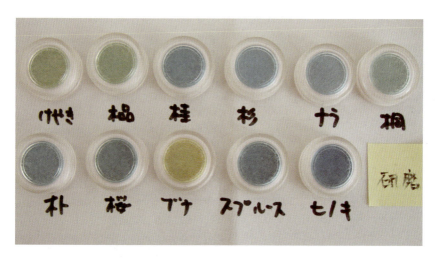

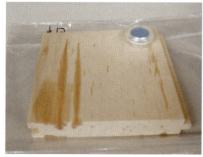

口絵 2　木材からの有機酸放散量評価
（上）　評価結果．枯らした板材を研磨して試験．
　　　　ヒノキからはヒノキチオールが出るが有
　　　　機酸は少ない．
（左）　試験方法．孔の空いた面を木材に向け，
　　　　数時間〜1日，静置する．

口絵 3　ヤマトシロアリによる被害（第5章参照）
食害されたスケッチブックの下に蟻道（シロアリの通り道）の土が見える．
シロアリは通り道にあるいろいろなものに被害を与える．

口絵 4　水害を受けた書類に生えたカビ
　　　　（第5章，第9章参照）

口絵 5　大気汚染で黒変した教会のクリーニング
（上）　高圧蒸気噴霧によるクリーニング処置
（下）　クリーニング処置前（右）と処置後（左）
パリ郊外北部にあるサン・ドニ大聖堂は12〜13世紀に建築され，ルイ14世をはじめとするフランス国王の多くが埋葬されている．建築後数百年たって，大気汚染のために外壁石材の表面は黒く変色したのでクリーニングが行われることになった．黒変した石材をクリーニングする方法として，ここに示した石材の表面に高圧蒸気を噴霧する方法などがヨーロッパでは広く用いられている．

口絵 6　中尊寺金色堂
（上）　覆屋ガラスケース中の金色堂
（下）　旧鞘堂（木造の覆屋）

岩手県西磐井群平泉町にある中尊寺金色堂（国宝）は，藤原清衡により 1124（天治 1）年に建立された．金色堂の須弥壇上には阿弥陀如来をはじめとする諸仏が安置され，須弥壇の内部には清衡，基衡，秀衡三代の遺体と，四代泰衡の首が納められている．当初，金色堂覆屋は木造で金色堂はむき出しであったが，1965 年にコンクリート造りになり，金色堂は覆屋中のガラスケースに収められた．現在の覆屋は 1990 年に改修されたもので，湿度を管理したガラスケースの中で金色堂は展示・保存されている．

口絵 7　敦煌莫高窟外観

中国，甘粛省敦煌県にある莫高窟は敦煌千仏堂とも呼ばれ，世界遺産の一つである．大泉河の左岸段丘崖面に高さ約 40 m，南北約 1.6 km にわたって 600 以上の石窟が掘られて，5 世紀初めからの仏教絵画や塑像が数多く残っている．乾燥した砂漠地帯にあることもあってよく保存されてきたが，観光客の増加と近年の環境変化の影響を受けて壁画の劣化が心配され，その保存のために古くから日本は協力している．

口絵 8　パッシブインジケーター（本文 p. 80 参照）
　　　（左）有機酸用，（右）アンモニア用
　　　（上）使用前，（下）暴露による変色後

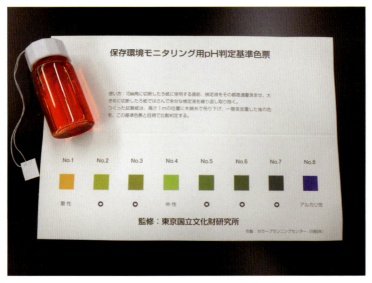

口絵 9　保存環境モニタリング用「変色試験紙」（本文 p. 79 参照）

文化財
保存環境学

第2版

三浦定俊・佐野千絵・木川りか [著]

朝倉書店

序

　「環境」という言葉は「四囲の外界．周囲の事物．特に，人間または生物をとりまき，それと相互作用を及ぼし合うものとして見た外界」（広辞苑）と定義されている．それにならうと本書で取り扱う「文化財の保存環境」とは「文化財を傷める要因から見た周囲の外界」といえる（次ページの図）．「環境」に自然的環境と社会的環境があるように，文化財の保存環境にも温度や湿度のような自然に由来する要素と，盗難のように人間あるいは社会に由来する要素がある．そこで，保存環境を劣化要因に従い表（p. iii）のように分類して，本書では解説する．このうち「水害」については，その予防はほかの要因に比べて治水や建物の立地といったより大きな点が問題となり，対処法としても水に濡れた資料をどのようして傷めずに乾かすかといった修復処置が中心となるので，巻末にあげた参考文献などを参照してもらうことにして本書では割愛した．
　ところで「保存環境」という言葉は，今では文化財分野でしばしば用いられているが，この言葉が使われるようになったのはそれほど古いことではない．このことについて，個別の章でふれる機会がなかったので，長い前書きになるがここで述べることをお許しいただきたい．
　わが国では1967年に「保存環境」という言葉が初めて使われているが（江本，門倉），この時は当時問題になっていた大気汚染を念頭に置いて使っている．その後も，時折，この言葉は用いられているが，温度，湿度，照度，空気中の浮遊菌数などいわゆる博物館内微気象（museum climate）の意味で使われていて，保存環境をより広い意味で用いるようになったのはもう少し後である．「保存環境」という言葉が現在のように，広い意味を持つようになった理由には，次のような背景が考えられる．
　東京国立文化財研究所（当時）にいた登石，見城らは世界に先駆けて1960年

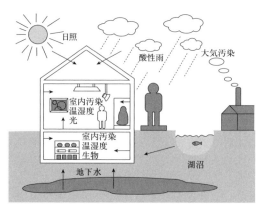

図　保存環境と劣化要因（三浦，クバプロ（2002）より）

代から，コンクリートからの「アルカリ因子」の絵画材料への影響を指摘してきた．1970年代頃から博物館・美術館で合板類が多く使用されるようになり，これらから放出される揮発性物質による金属や顔料の被害も起きて，温湿度・照明だけが保存環境の問題でないことが広く知られるようになった．そして資料を修理しても元の悪い環境に戻せば再び傷んで，また修理を繰り返し当初の姿や材料が失われていってしまうことへの反省から，1980年代になると，それまでの修理優先の考え方から，環境整備に重点を置いた preventive conservation と呼ばれる考え方が世界の主流となった．医療分野での「医療（medical care）」に対する「予防医学（preventive medicine）」と同じ考え方である．

　もともと preventive conservation という言葉は，ICCROM（文化財保存修復研究国際センター）の「博物館の防犯と環境」という研修コースを「結局は予防が一番良い保存方法である」（G. de Guichen）という理由から，1979年に "Preventive conservation in museums" という名前に変更したことに始まる．その後，この言葉はCCI（カナダ保存研究所）のS. ミカルスキ（Michalski）らの活発な研究もあって広く認知されるようになり，1994年にはオタワ（カナダ）でIIC（国際保存学会）の大会が "Preventive Conservation—Practice, Theory and Research" という表題の下に開催されるまでになった．1996年にエディンバラ（英国）で開催されたICOM-CC（国際博物館会議保存委員会）大会では，それまで「照明と空調制御」「生物劣化の制御」「輸送」に分かれていた分科会を "preventive conservation" の分科会に統合している．このような経緯をみると

表　文化財の劣化要因

(1) 温湿度	温度・熱	
	湿度・水分	
(2) 光	目に見える光	可視光線
	目に見えない光	紫外線，赤外線
(3) 空気汚染	大気汚染	硫黄酸化物
		窒素酸化物
		塩化物
		オゾン
	室内汚染	塵埃
		有機酸（ギ酸，酢酸など）
		アルデヒド類（ホルムアルデヒド，アセトアルデヒドなど）
		硫黄・硫化物
		アルカリ性物質
(4) 生物	微生物	カビ，苔，地衣類
	動物	昆虫（シロアリなど）
		鳥（ハトなど）
	植物	樹木
(5) 振動・衝撃		
(6) 火災・地震・水害		
(7) 盗難・破壊		

"preventive conservation" という言葉は，「予防的保存」という直訳より「保存環境作り」という言葉の方が適切と考えられ，本書では preventive conservation にこの言葉をあてている．

　現在，世界の保存の考え方は，まず資料に手を加えない保存環境作りを中心にして，手を加えないと資料が保存できない場合に「修理」を行う．この修理もいわゆる現状修理が主で，復元の意味も含む "restoration" という言葉よりは "treatment"（処置）という言葉を AIC の倫理綱領では用いている．ただ，国によって考え方に違いがあり，ヨーロッパではまだ "restoration" という言葉を用いる国が多いようである．

　保存環境作りでは，表にあげた劣化要因についてすべてを同じように対処するのではなく，それぞれの資料や施設に応じて優先度をつけて，問題を解決していくことが重要とされる．資料が受ける影響の大きさは，火災のように壊滅的なものから，光による退色のように短時間ではそれほど目立たないものまでさまざまである．またどれほどの頻度で被害が起きるかという，発生確率も多様である．たとえば大きな地震は，わが国では地域ごとにみると数十年から 100 年に一度程

度の発生確率である．一方，展示物は毎日約8時間は光を受けているし，空調がなければ夏の間，高い温度や湿度にさらされる．そこで劣化要因の危険度は，それぞれの劣化要因によってひきおこされる被害の大きさ（資料の災害敏感性）と，事象の発生確率との積と考えて施設の危険度を評価し，優先順位をつけて対策をたてていく．これが保存環境作りの方法である．

保存環境作りの考え方の広がりと歩調を合わせるように，地球環境や人間の健康に安全な薬剤・材料を使用して，資料を生物被害から守る IPM（Integrated Pest Management，総合的害虫管理）への取り組みも世界中で進められるようになった．この背景には，環境汚染やオゾン層破壊，地球温暖化などの問題があるが，詳しくは第5章「生物」を参照していただきたい．

1995年に東京芸術大学大学院美術研究科に，東京国立文化財研究所（当時）との連携併任分野「文化財保存学専攻システム保存学」が設置されたが，その中の保存環境学講座を三浦と佐野が担当するにあたり，上に述べた世界の流れを反映した講座にしたいと考えた．本書はその講座で，三浦が担当した「保存環境計画論」の講義ノートをもとに書き加えたものである．第4章「空気汚染」を佐野が，第5章「生物」を木川が，残りの章は三浦が執筆した．単なる解説書でなく，なぜそうなるのか，なぜそのような対策をとるのか，読者が基本に立ち戻って考えられるような教科書にしたいと考えて書いたつもりである．本書が保存科学を志す若い人たちの一助になれば幸いである．

最後に，いろいろな形でお世話になった東京文化財研究所の諸先輩，同僚にお礼を申し上げたい．特に資料調べや校正などについて，市川久美子氏には大変ご迷惑をおかけした．深く感謝したい．また忙しい中，なかなか進まない原稿書きに忍耐強くお付き合いいただいて，ようやく出版に至ることができたのも朝倉書店編集部のおかげである．心から感謝の意を表したい．

2004年10月

執筆者を代表して　三浦　定俊

第 2 版の序

　2004 年に初版を公刊し，それまで類似の本がなかったためか，多くの方々に博物館・美術館の現場や大学などの教育の場で利用していただいた．特に 2009（平成 21）年に博物館法施行規則の改正があり，学芸員となるためには「博物館資料保存論」が必修科目となり，大学でその教科書・参考書としての利用が広がったことも大きいと思う．

　ただ初版を出版してからすでに 10 年あまりがたち，内容的に古いものがあったり，「博物館資料保存論」の教科書としては少し足りないところが見えてきたりしてきた．また東日本大震災や気象災害の発生など博物館資料を取りまく現在の状況からすると，書き加えておきたいことも出てきて，この度第 2 版を出すこととした．

　第 2 版には，新しく「気象災害」と「倫理」の章を加えた．「気象災害」の章は，近年，予期せぬ豪雨により，河川が氾濫したり山崩れが起きたりして文化財も時に被害を受けることから，初版では水害を割愛したが，この第 2 版には気象災害として加えた．また「倫理」については，「博物館資料論」として教えるべき項目の中に倫理が指定されたこともあるが，初版の序で述べたように，この本の背景となる考え方 preventive conservation（保存環境づくりまたは予防保存）が，博物館が遵守すべき倫理として世界的に認知されたということがある．

　その他の章も，LED 照明など近年の流れを加えて書き改めた．担当は初版と同様に，第 4 章「空気汚染」は佐野が，第 5 章「生物」は木川が担当し，その他の章は三浦が執筆した．初版に引き続き，この第 2 版を皆様に広く利用してもらえれば幸いである．

2016 年 10 月

執筆者を代表して　三浦　定俊

目　　次

第1章　温　度 …………………………………………………… 1
1.1　温　度 ……………………………………………………… 1
1.1.1　温　度 …………………………………………………… 1
1.1.2　絶対温度 ………………………………………………… 2
1.1.3　国際温度目盛 …………………………………………… 2
1.2　温度と熱 …………………………………………………… 3
1.2.1　温度と熱 ………………………………………………… 3
1.2.2　潜　熱 …………………………………………………… 5
1.3　温度と劣化 ………………………………………………… 6
1.4　温度測定 …………………………………………………… 9
1.4.1　温度測定の原理 ………………………………………… 9
1.4.2　温度測定時の注意 ……………………………………… 10
1.4.3　各種の温度計とその特徴 ……………………………… 11

第2章　湿　度 …………………………………………………… 17
2.1　湿　度 ……………………………………………………… 17
2.1.1　絶対湿度 ………………………………………………… 18
2.1.2　相対湿度 ………………………………………………… 18
2.1.3　露　点 …………………………………………………… 18
2.1.4　その他 …………………………………………………… 20
2.2　湿度と劣化 ………………………………………………… 21
2.3　湿度の調節 ………………………………………………… 26
2.3.1　空気調和 ………………………………………………… 26

2.3.2　展示ケース……………………………………………… 28
　　2.3.3　調湿剤………………………………………………… 30
　　2.3.4　保存箱………………………………………………… 32
　　2.3.5　梱包容器……………………………………………… 33
　2.4　湿度測定………………………………………………………… 36
　　2.4.1　湿度測定の原理………………………………………… 36
　　2.4.2　湿度測定時の注意……………………………………… 37
　　2.4.3　湿度計の較正…………………………………………… 38
　　2.4.4　各種の湿度計とその特徴……………………………… 39

第3章　光　　45

　3.1　光と波長………………………………………………………… 45
　3.2　光と色…………………………………………………………… 46
　　3.2.1　光と色…………………………………………………… 46
　　3.2.2　色の決め方……………………………………………… 47
　　3.2.3　色温度…………………………………………………… 50
　　3.2.4　演色性…………………………………………………… 51
　3.3　光の明るさ……………………………………………………… 52
　　3.3.1　カンデラ………………………………………………… 52
　　3.3.2　ルーメン………………………………………………… 52
　　3.3.3　ルクス…………………………………………………… 53
　　3.3.4　標準比視感度…………………………………………… 53
　　3.3.5　測光器…………………………………………………… 54
　3.4　光と劣化………………………………………………………… 55
　　3.4.1　光と劣化………………………………………………… 55
　　3.4.2　ブルースケール………………………………………… 56
　　3.4.3　照明による退色防止の考え方………………………… 58
　3.5　照　明…………………………………………………………… 60
　　3.5.1　展示照明………………………………………………… 60
　　3.5.2　照度と識別能力………………………………………… 62
　　3.5.3　照明計画………………………………………………… 63

3.5.4　光　源 ………………………………………………………… 65

第4章　空気汚染 ……………………………………………………… 71
　4.1　研究の歴史 ………………………………………………………… 71
　　　4.1.1　大気汚染問題 ……………………………………………… 71
　　　4.1.2　室内汚染問題 ……………………………………………… 72
　4.2　室内汚染物質の文化財への影響と発生源 ……………………… 74
　　　4.2.1　汚染物質の種類と文化財への影響 ……………………… 74
　　　4.2.2　汚染物質の発生源 ………………………………………… 76
　4.3　調査法（モニタリング法） ……………………………………… 77
　　　4.3.1　空間の空気環境モニタリング …………………………… 79
　　　4.3.2　文化財への影響評価法 …………………………………… 83
　4.4　空気汚染への対策 ………………………………………………… 84
　　　4.4.1　大気汚染物質対策 ………………………………………… 85
　　　4.4.2　室内汚染物質対策 ………………………………………… 85
　　　4.4.3　展示ケースの汚染対策 …………………………………… 89

第5章　生　物 …………………………………………………………… 94
　5.1　制限要因 …………………………………………………………… 94
　5.2　生物被害をもたらす生物 ………………………………………… 96
　　　5.2.1　屋内環境で加害するおもな生物 ………………………… 97
　　　5.2.2　屋外環境で加害するおもな生物 ………………………… 100
　5.3　生物被害の防止 …………………………………………………… 102
　　　5.3.1　総合的有害生物管理：IPM ……………………………… 102
　　　5.3.2　段階（レベル）別コントロールとIPMゾーンの考え方 … 107
　5.4　生物被害への対処法 ……………………………………………… 108
　　　5.4.1　カビへの対処法 …………………………………………… 108
　　　5.4.2　文化財害虫―特に「文化財内部に生息する昆虫」への対処法 … 109
　　　5.4.3　文化財害虫―特に「文化財外部に生息する昆虫」への対処法 … 115
　　　5.4.4　屋外の文化財の場合 ……………………………………… 118

第6章　衝撃と震動 ……………………………………………… **120**

- 6.1　輸送過程の解析 ………………………………………… 120
- 6.2　衝　撃 …………………………………………………… 120
  - 6.2.1　起こりうる衝撃の大きさ ………………………… 121
  - 6.2.2　資料の壊れやすさ ………………………………… 123
  - 6.2.3　梱包材料の衝撃吸収力 …………………………… 124
- 6.3　振　動 …………………………………………………… 126
- 6.4　輸送機関の揺れの大きさ ……………………………… 128

第7章　火　災 …………………………………………………… **130**

- 7.1　火災と消火 ……………………………………………… 130
- 7.2　消火設備 ………………………………………………… 131
- 7.3　防　火 …………………………………………………… 142
- 7.4　火災検知設備 …………………………………………… 144

第8章　地　震 …………………………………………………… **146**

- 8.1　地震と地震動 …………………………………………… 146
- 8.2　地震の発生 ……………………………………………… 147
- 8.3　地震による被害 ………………………………………… 147
  - 8.3.1　地震による被害 …………………………………… 147
  - 8.3.2　地震の周期と建物の固有周期 …………………… 150
  - 8.3.3　ロッキングと転倒の条件 ………………………… 151
  - 8.3.4　鎌倉大仏の地震対策 ……………………………… 154
- 8.4　展示収納機器の地震対策 ……………………………… 155

第9章　気象災害 ………………………………………………… **163**

- 9.1　気象災害と異常気象 …………………………………… 163
- 9.2　日本における気象の長期的変化傾向 ………………… 164
- 9.3　異常気象の影響 ………………………………………… 166
- 9.4　水害対策 ………………………………………………… 167

第10章　盗難・人的破壊 ······ **170**
- 10.1　防犯環境設計 ······ **170**
- 10.2　防犯診断 ······ **171**
  - 10.2.1　侵入の経路と方法 ······ **172**
- 10.3　防犯対策 ······ **175**
  - 10.3.1　錠と鍵 ······ **176**
  - 10.3.2　ガラス ······ **176**
  - 10.3.3　防犯設備・機器 ······ **178**
  - 10.3.4　地域の見回り ······ **182**

第11章　文化財公開施設に関する法規 ······ **185**
- 11.1　文化財保護法と公開 ······ **185**
  - 11.1.1　文化財の種類 ······ **186**
  - 11.1.2　重要文化財の公開 ······ **188**
  - 11.1.3　公開施設 ······ **190**
  - 11.1.4　公開承認施設 ······ **191**
- 11.2　博物館施設 ······ **192**
  - 11.2.1　博物館の種類 ······ **193**
  - 11.2.2　博物館としての要件 ······ **194**

第12章　博物館資料保存に関する倫理 ······ **196**
- 12.1　博物館資料をめぐる倫理 ······ **196**
- 12.2　博物館組織に関する倫理 ······ **196**
- 12.3　文化財の価値と本体との関係 ······ **198**
- 12.4　保存修復の職業倫理 ······ **198**
  - 12.4.1　歴　史 ······ **198**
  - 12.4.2　内　容 ······ **199**
- 12.5　保存修復倫理の意義 ······ **200**

参考文献 ······ **202**
索　引 ······ **205**

1
温　　度

1.1 温　　度

1.1.1 温　　度

　温度（temperature）は人間が物に触って熱いと感じたり，冷たいと感じたりする感覚をもとに考えられたもので，ギリシア時代から温度の概念はあったといわれている．熱さ，冷たさの度合いである温度を連続的な量として考えるようになったのはルネサンス以降で，1592年ごろガリレオ・ガリレイ（Galileo Galilei, 1564～1642）は空気の膨張を利用した温度計を発明した．さらに17世紀の半ばにはガラス管の中にアルコールを密封した温度計が，イタリアの実験学会で発表された．ただしこの頃までは温度目盛は任意で刻まれていたので，現在，われわれが用いている温度計と同じ測定器とはいえない．温度の定点に基づいた合理的な温度計は，18世紀の初めにI. ニュートン（Newton, 1642～1727）が初めて示唆した．水の凍る温度をゼロとし，健康な人間の体温を12度とする目盛を刻んだ油温度計である．

　ドイツの物理学者であるD. G. ファーレンハイト（Fahrenheit, 1686～1736）は1715年ごろに，水，氷，食塩を混ぜて得られる温度を0度，氷の融点を32度，健康な男性の体温を96度とする華氏温度目盛（°F）を考案し，水銀を用いた最初の標準温度計を製作した．ファーレンハイトの考案した温度目盛を華氏温度目盛と呼ぶのは，中国でファーレンハイトに華倫海の字をあてたことに由来する．さらに1742年にはスウェーデンの天文学者であったA. セルシウス（Celsius, 1701～1744）が，氷の融点を0度，水の沸点を100度とする摂氏温度目盛（セルシウス度，°C）を導入した．

　摂氏温度 t [°C] と華氏温度目盛での温度 t' [°F] との関係は，

$$t[°C] = (5/9) \times (t'[°F] - 32)$$

である．

このように華氏温度や摂氏温度は温度定点で定められているが，定点の間を等分してつけた目盛は個々の温度計によって異なっている．例えば摂氏温度目盛のついた水銀温度計は，0°C と 100°C での水銀柱の高さの差を 100 等分して目盛りがつけられているが，そうして得られた目盛とアルコール温度計で同様にしてつけた目盛とは，水銀とアルコールの熱膨張のしかたが異なれば一致しない．また中に入っている水銀やアルコールが凝固したり沸騰したりすると測定できないので，どんな温度計も限られた範囲でしか使えない．そこで個々の物質の性質によらない普遍的な意味をもつ温度として考えられたのが，絶対温度である．

1.1.2 絶対温度

絶対温度は熱力学の法則に基づいて定められるので熱力学的温度ともいう．絶対温度が負になることはなく，下限の温度として絶対 0 度が存在する．絶対温度の概念は 1848 年に W. トムソン（Thomson, 1824〜1907）によって導入された．現在使われている絶対温度目盛は，1 気圧下で水，氷，水蒸気が共存する水の三重点を定点とし，これを 273.16 とする．トムソンは 1892 年に彼の業績に対して爵位を受け，以後，ケルビン卿と名乗ったことから，絶対温度の単位をケルビン（K）と呼ぶ．摂氏温度 $t[°C]$ との関係は，摂氏温度が 1 気圧での氷の融点 273.15 K を 0 度とするので，

$$t[°C] = T[K] - 273.15$$

と表される．

1.1.3 国際温度目盛

日常の温度計測を行うための国際的な基準として，1927 年に国際実用温度目盛（international practical temperature scale：IPTS）が制定された．国際実用温度目盛では，水の三重点以外に，水素の三重点 13.81 K，酸素の三重点 54.361 K，スズ（錫）の凝固点 505.1181 K など 12 の温度定点を用い，あわせて 13 の定義定点を定め，かつ温度領域に応じて測定するための最適な標準温度計を指定して定義定点の間を補間する．例えば 630.74°C 以下の温度では，白金測温抵抗体を用いて測定するように指定されている[1]．

1.2 温度と熱

1.2.1 温度と熱

温度はもともと人間が物に触って感じる「熱さ」をもとにしているが，古代から「熱」との違いが明確だったわけではない．日常生活のなかで経験的には，同じ火にかけても水と金属では温まり方が違い，同じ水でも量が違えば水温は異なるといったことから，熱と温度は違う概念であることは意識されていたと考えられるが，その違いが明確にされたのはやはり近代になってからである．すなわち 18 世紀の半ばになって，イギリスの医師で化学者でもあった J. ブラック（Black, 1728～1799）が比熱の研究を行った．ブラックの研究に刺激された A. L. ラボアジェ（Lavoisier, 1743～1794）は，1782 年から P. S. ラプラス（Laplace, 1749～1827）とともに熱量計を使って比熱の精密な測定を行い，熱を量として測定した．これらの研究によって温度と熱は異なる概念であることが明らかになった．

比熱は物体の温まりにくさ（冷めにくさ）を表している．単位質量の物体を熱の容器に例えると，比熱は容器の底面積で，ある量の熱を容器に入れたときの高さが温度に相当する．正確には，物体の温度を単位温度だけ上げるのに必要な熱量をその物体の熱容量と呼び，単位質量の物質の熱容量を比熱という．昔は単位カロリー（cal）を用いて水の比熱を 1 としていたが，現在は国際単位系（SI）を用いて J（ジュール）/K·g で表示される．表 1.1 に代表的な物質の比熱をあげるが，水は身の回りにあるいろいろな物質の中で比熱が大きく，冷暖房の媒体など温度を他の物体に伝えるのに適している．

ところで熱はエネルギーの一種であることは，現在よく知られている．われわれの周りにある物体は微視的にみると，原子や分子などの粒子からできていて，それらの粒子は物体が静止しているときでも，激しく動いている．空気などの気体はわれわれの目には見えないが，構成する窒素や酸素などの分子が互いに衝突しながら乱雑な運動をしている．結晶のような固体の場合でも，構成する原子は格子点の周りで乱雑に振動している．それぞれの粒子の微視的な運動エネルギーや位置エネルギーを合計したものがその物体の内部エネルギーであり，物体のもつ熱量に相当する．われわれの目には見えない微視的な粒子の動きを熱運動と呼び，温度が高いほど激しくなる．圧力など他の条件が同じなら温度が高いほど物

表 1.1 おもな物質の比熱

物質	比熱 [J/K·g]
水 (0°C)	4.22
氷 (0°C)	2.1
水銀 (0°C, 液体)	0.13
エチルアルコール (0°C)	2.29
アマニ油 (20°C)	1.84
乾燥空気 (20°C)	1.01
コンクリート	0.84
木材 (20°C)	1.25
紙	1.17〜1.34 (0〜100°C)
大理石	約 0.9
花崗岩	0.80〜0.84 (20〜100°C)
ガラス (フリント)	約 0.5 (10〜50°C)
ゴム	1.1〜2.0 (20〜100°C)
ナトリウム (0°C)	1.21
銅 (0°C)	0.379
鉄 (0°C)	0.435
鉛 (0°C)	0.129
黄銅 (0°C)	0.387

体のもつ内部エネルギーは大きい．温度の異なる物体を接触させると，必ず高温の物体から低温の物体へ熱が移るのは，物体を構成する原子や分子がお互いにぶつかって，乱雑な動きが高温の側から低温の側へ伝わり，それに伴ってエネルギーが移動するからである．

熱エネルギーはエネルギーの一つの姿であって，力学的エネルギー（運動エネルギー・位置エネルギー）や電気的エネルギー，化学的エネルギーへかたちを変えることができるが，エネルギー保存則により全体の量は変わらない．このことを利用して温度の違う物体を新たに持ってこなくても，物体を温めたり冷やしたりすることができる．例えば手と手をこすることによって温かくなるが，これは運動エネルギーを摩擦によって熱エネルギーに変えたものであり，ボンベからガスが吹き出すときに霧が生じるのは，ガスが急に膨張（断熱膨張）するときに熱エネルギーが運動エネルギーに変わってガスの温度が下がり，空気中の水蒸気が霧となったものである．そこで熱エネルギーに対しても他の力学的，電気的，化学的エネルギーなど（仕事と呼ばれる）と同じ単位（ジュール J，エルグ erg）を用いることができる．ここで

1 J = 1 ワット (W) の仕事率で 1 秒間はたらいたときのエネルギー

$1\,\mathrm{erg} = 10^{-7}\,\mathrm{J}$

である．熱量の単位としては，さきに述べた国際単位系（SI）には属さないカロリー（cal）が用いられることも多い．1カロリーは1気圧下で1gの水の温度を1℃（正確には14.5℃から15.5℃まで）上昇させるのに必要な熱量を指す．カロリーとジュールとの関係は，

$1\,\mathrm{cal} = 4.186\,\mathrm{J}$

である．

1.2.2 潜 熱

物体を温めたり冷やしたりするときに重要なはたらきをするのが潜熱である．さきに述べたブラックは比熱の研究に先だって，氷の融解と水の蒸発について研究して潜熱を発見した．物体が固体から液体，液体から気体に変わるときには，温度は変化しないが周囲から一定量の熱が吸収される（逆の過程では放出される）．前者は融解熱，後者は気化熱と呼ばれる（表1.2）．このように物質の相が変わる（相転移と呼ばれる）ときに吸収あるいは放出される熱のことを潜熱とい

表 1.2 おもな物質の潜熱

物 質	融解熱 [cal/g]
氷 (0℃)	79.7
水 銀 (−38.9℃)	2.7
エチルアルコール (−114.4℃)	26.1
銅 (1084.5℃)	49.9
鉄 (1535℃)	65
ス ズ (232℃)	14.1
亜 鉛 (419.6℃)	27
金 (1064℃)	15
銀 (961.9℃)	26.5

物 質	気化熱 [cal/g]
水 (100℃)	539.8
水 銀 (356.7℃)	70.6
エチルアルコール (78.3℃)	200
二酸化炭素 (−78.5℃)	132.4
アセトン (56.5℃)	125
アンモニア (−33.5℃)	326.4
ジエチルエーテル (34.6℃)	84
ベンゼン (80.1℃)	94.1
トルエン (110.6℃)	86

う．日常生活の中でも，庭の打ち水や氷枕というように，おもに何かを冷やすために潜熱は利用されている．

1.3　温度と劣化

　劣化は，その多くが化学反応である．例えばさびは金属の酸化反応であるし，ニスの黄変は樹脂の酸化や重合である．反応の速度は反応する物質の濃度が高いほど早く進むが，温度にも大きく依存している．特に可塑剤などの添加物を加えたプラスチックは温度が高くなると劣化しやすい．絶対温度 T と反応速度定数 k との関係はスウェーデンの物理化学者 S. A. アレニウス（Arrhenius, 1859～1927）によって，次のアレニウスの式で与えられた．

$$k = A \exp\left(-\frac{E_a}{RT}\right)$$

ここで R は気体定数，A および E_a は反応に固有の定数で，A は頻度因子，E_a は活性化エネルギーと呼ばれる．これまでの実験によると，多くの資料について平均的な活性化エネルギー E_a の値は

$$E_a = 100 \, [\text{kJ/mol·K}]$$

であるといわれている[2]．

　この式からわかるように，反応速度は温度が高いほど大きくなり反応が早く進むので，資料の保存のためには温度は低い方がよい（詳細については 2.2 節を参照）．しかし資料は展示のために出し入れするから，低温庫に保存すると，そのたびに資料に大きな温度変化が生じ，表面に結露するおそれもある．そこで普通は展示室や収蔵庫の温度を，人間にとって快適な温度である 20℃ 前後に設定することが多い．ただフィルムのようにコピーを利用できる場合は，オリジナルは低温の収蔵庫に保存することができるので，そのように指定されている（表 1.3）．

　化学反応の進行を遅くするためには低温が望ましいといっても，資料の保存にあたっては温度が低くなりすぎることも問題が生じる．よく知られている問題が，スズ（錫）製品の保存である．スズは最も古くから知られていた金属の一つで青銅器の主成分として用いられたが，純粋のスズ器としても利用されてきた．

1.3 温度と劣化

表 1.3 写真資料に関するおもな工業規格

日本工業規格	名　称	もととなる国際規格
JIS K 7641：2008	写真－現像処理済み安全写真フィルム－保存方法	ISO 18911：2000
JIS K 7642：2007	写真－写真印画の保存方法	ISO 18920：2000
JIS K 7644：2004	写真－現像処理済み写真乾板－保存方法	ISO 18918：2000
JIS K 7645：2003	写真－現像処理済み写真フィルム，乾板及び印画紙－包材，アルバム及び保存容器	ISO 18902：2001

スズには低温で安定なダイヤモンド型構造のαスズ（灰色スズ）と，高温で安定な正方晶系のβスズ（白色スズ）の二つの変態がある．βスズからαスズへの転移温度は18℃で，βスズがαスズに転移すると膨張して資料が崩れやすくなる．実際には不純物として微量に存在するビスマス，アンチモンなどのために，18℃で普通はβスズとして存在しているが，低温になるに従い転移速度が上昇し，-48℃で極大となる．このため寒い地域では冬季にスズ器の一部が崩れて粉状化することがある．この現象は19世紀にロシアの博物館で発見されたことがあり，スズペストあるいはスズの博物館病などと呼ばれた[3]．

また温度が低くなると材料の延性の低下により，脆性破壊を起こすおそれも生じる．これは力がかかっても，その箇所が延びたり曲がったり塑性変形して，破

写真 1.1 表面層直下にできた氷による石仏表面の剥離（小高磨崖仏，福島県）

壊するまでに至らない延性をもっている金属のような材料が,温度が下がったときに延性を失い,わずかな歪みを生じただけで破壊してしまう現象である.屋外にある構造物などで脆性破壊による事故が起きやすい.

屋外にある遺跡などでは,岩石中に含まれる水の温度が氷点下に下がることにより凍結し,表面層直下で氷の層(アイスレンズ)を形成して表面層の剥離や剥落を生じさせることがある(写真1.1).これを凍結破壊と呼ぶ.凍結破壊は岩石中の水分の凍結・融解の繰り返しによって起きるもので,水分供給,低温,脆い岩質の3点がそろったときに発生する.このいずれかをなくすことによって凍結破壊は防ぐことができるが,日本で多くの磨崖仏に用いられている凝灰岩は空隙率40%以上の脆い岩質で,$-3°C$以下の日が数日続くと凍結破壊が起きるこ

表 1.4 おもな材料の膨張率

物　質	体膨張率 (20°C, $\times 10^{-3}$)
氷	0.21
水　銀	0.181
エチルアルコール	1.08
エチレングリコール	0.64
グリセリン	0.47
ベンゼン	1.22

物　質	線膨張率 (20°C, $\times 10^{-3}$)
アルミニウム	30.2
金	14.2
銀	18.9
ス　ズ	22
鉄	11.8
銅	16.5
鉛	28.9
アンバー(ニッケル鋼)	1
青　銅	17.3
黄　銅	17.5
ステンレス鋼	14.7
ガラス	8〜9
エボナイト	50〜80
氷 (0°C)	52.7
コンクリート	7〜14
大理石	3〜15
花崗岩	4〜10
レンガ	3〜10
木　材(繊維に平行)	3〜6
木　材(繊維に垂直)	35〜60

とが報告されている[4,5)].

　温度の急激な変化も，熱膨張によって資料の破壊を引き起こすおそれがある．岩石やガラスは熱による膨張が青銅などの金属にくらべて半分程度である（表1.4）．このため熱膨張率の異なる材料を組み合わせて作られた資料は，大きな温度変化を受けたときにその接続部分にある程度のあそびがないと，無理な力がかかって壊れる心配がある．

1.4　温度測定

1.4.1　温度測定の原理

　二つの物体を熱的に接触させ十分長い時間おいておくと，互いに熱のやりとりのない熱平衡の状態になって，両者の温度は等しくなる．そこで，あらかじめ温度がわかっている物体1と温度計Tを熱平衡の状態にして，温度計Tの物理的性質tを調べる．このとき，物体は温度計Tにくらべて十分大きく，温度計を接触させてもその温度は変化しないと仮定する．次に異なる温度をもつ物体2と温度計Tをやはり熱平衡の状態にして物理的性質tを調べる．これを温度の違う多くの物体に対して繰り返していけば，温度計Tの物理的性質tが温度によってどのように変化するか知ることができる．物理的性質tと温度との関係がわかれば，未知の温度をもつ物体Xに温度計Tを接触させ，物理的性質tを測定することにより，物体Xの温度を知ることができる．これが温度測定の基本的な考え方である．このとき，どのような物理的性質を利用するかで，温度計の種類が異なってくる．

　美術館，博物館で用いられているさまざまな温度計を，利用している物理的性質によって分けると，次のように分類することができる．

① 　熱膨張を利用して測定するもの（バイメタル温度計や液体温度計）
　　温度の上昇に比例して物質の体積や長さは膨張するので，その変化を利用して温度を測る．
② 　電気抵抗の変化を利用して測定するもの（抵抗温度計）
　　温度により物質の電気抵抗は増減するので，その変化を測定して温度を測る．

③ 熱起電力を利用して測定するもの（熱電対）

2種類の金属線の両端を接合し，一端（基準接点）を定温に保つと他端の温度に比例して電位差が生じるので，その電位差の大きさを測定して温度を測る．

④ 輻射を利用して測定するもの（放射温度計）

物体からはその温度に対応した波長の光（常温では赤外線）が放射されているので，その光の色（波長）やエネルギーを測定して温度を測る．

⑤ 微細構造の変化を利用して測定するもの（液晶温度計）

温度によって光学的特性が変化し，色が変わる性質を利用して測定する．

1.4.2 温度測定時の注意

温度測定の原理で述べたことからもわかるとおり，測定対象と温度計をきちんと熱平衡の状態にすることがまず大切である．例えば室内の温度を測るのに，外部から持ち込んだ温度計ですぐ測ろうとしても，温度計は熱容量をもっているので，すぐには平衡状態にはならないから，それまで待つ必要がある．また液体温度計は気体や液体の温度測定には適しているが，管球の一部分しか資料表面に接触できず，熱平衡状態にはならないので，時間をかけても表面温度は測定できない．あるいは資料中の温度を測るのに，金属管に入った温度計を挿入した場合，資料の内部と外気に大きな温度差があると，金属管を通して熱の出入りが生じて正確な測定ができない．また温度変化の激しい場所では熱容量の大きな液体温度計より，熱容量が小さくて平衡しやすい抵抗温度計等が適している．

水銀温度計の目盛を正確に読もうとして，顔を近づけすぎると息が管球にかかって正確な測定ができない．また熱平衡になるまで温度計を手に持っていると，体温で温度計が温まってしまう．

測定の際には温度計の取り扱いだけでなく，どこを測定するかも重要である．室内を調べたいのに，空調の吹出し口や出入り口に近い場所で測定したのでは，測定値がその部屋の気温を代表しているとはいえない．またもし資料の置かれている環境を調べたいのであれば，資料にできるだけ近い場所で測定するのが基本である．

測定時の注意をまとめると次のようになる．

① 測定対象を代表している箇所で測る．

② 測定対象に適合した測定器を選ぶ．
③ 温度計が測定対象と熱平衡になったことを確認してから目盛を読む．
④ 測定時に温度計や測定対象を温めたり冷やしたりしない．

1.4.3 各種の温度計とその特徴
a. 水銀温度計

ガラスや金属で作った容器の中に感温液と呼ばれる液体を封入し，温度により液体の体積が膨張して液の上端が管内を上下することを利用した温度計を「液体温度計」と呼ぶ．水銀温度計はその代表的なものである（写真 1.2）．簡便で安価だが，比較的精度よく測定でき，アスマン式通風乾湿球湿度計などに用いられている．ただし破損しやすく，振動や衝撃に弱い．最も精密な標準温度計（0.1 ℃目盛）は，水銀を封入した管が二重になっている．一般の棒状温度計は二重管式に比べて衝撃に強いかわりに，精度がやや低い．水銀温度計は，通常−35〜＋360℃程度（特別のものでは最低−60℃，最高＋750℃程度）の温度を精度よく測るのに用いられる．目盛を読む際には，見る方向によって視差を生じることがあるので，正面から目盛を読みとらなければならない．なお「水銀に関する水俣条約」により，2020年から水銀を用いた計測器の製造と輸出入が禁止されるので，水銀を用いた温度計は市販されなくなる．

写真 1.2　水銀温度計

b. アルコール温度計

アルコールの熱膨張を利用する．水銀温度計と同じ原理であるが，アルコールの膨張率は水銀の約6倍であることと（表1.4），赤色などに着色できることから実用温度計として普及している．精度は水銀温度計にくらべて落ちる．測定温度範囲は，水銀の凝固点が−39℃であるのに対して，メチルアルコールは−100

℃近くまで凍らないことから，アルコール温度計は水銀温度計より低温域まで使用できる点が特長である．アルコール温度計は，通常 -100～$+100$℃程度（特別のものでは最低 -200℃，最高 $+200$℃程度）の温度を測るのに用いられる．

c. バイメタル温度計

熱膨張係数の異なる2種の薄い金属板を溶接して貼り合わせた合成板をバイメタルという．温度変化によって2種の金属の膨張率の違いから板が湾曲する（図1.1）．その反りの大きさを指針で拡大して測定する．バイメタルの材料は，アンバーなどの熱膨張のきわめて小さい合金（表1.4）と膨張率の大きなニッケル-クロム-鉄合金，ニッケル-マンガン-鉄合金，マンガン-銅-ニッケル合金などを用いる．精度は悪いが，構造が簡単で丈夫なことから，自記記録計に用いられている．わずかな動きをカムなどで機械的に拡大しているために，衝撃などで狂いが生じやすいので，正確な温度計でときどき補正する必要がある．普通，-50～$+500$℃の範囲で用いられる．

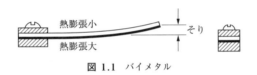

図 1.1 バイメタル

d. サーミスタ温度計

金属など物質の電気抵抗が温度とともに変化する現象を利用した温度計を抵抗温度計と呼ぶが，その一種である．コバルト，銅，鉄，マンガン，ニッケルなどの酸化物を 1300～1500℃ でビード型やディスク型の緻密な磁器質に焼きあげたもので，温度によりその電気抵抗が大きく変化することを利用する．後に述べる白金測温抵抗体は抵抗の温度係数が正（温度が上がれば抵抗値が大きくなる）であるが，サーミスタは負であり，白金測温抵抗体より温度係数が1桁大きいのが特長である（図1.2）．市販されているサーミスタでは，室温付近で温度が1℃変化すると抵抗は約4%変化する．このように温度変化に敏感で，しかも検出素子が小さいことから，狭い場所の温度や微少な温度差の測定ができる点が優れているので，電気式温湿度計のほとんどにこの種類の温度計が用いられている．しかし反対に温度係数が大きいために広い温度範囲の測定には不向きで，確実な計測のできる範囲は -50～$+350$℃程度に限られる．

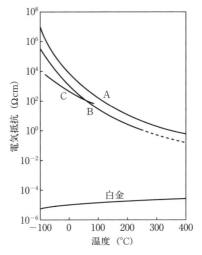

図 1.2 サーミスタなどの電気抵抗の温度変化[6]
A, B, C は成分などの異なるサーミスタ

e. 白金測温抵抗体

白金の電気抵抗が温度によって変化することを利用した温度計である．細い白金（素線）を巻いて，導線をつけて保護管に納めてある．使用範囲が広く，加熱，冷却による抵抗の経年変化がなく安定しているので，国際実用温度目盛で－259.3467℃（13.8033 K）〜＋961.78℃の範囲の標準温度計として用いられている．精度がよいだけでなく安定度も高く，長期間の屋外での測定には適したセンサーである．抵抗素線として白金のほかに，ニッケルなども測温抵抗体として用いられている．

f. 熱 電 対

異種の金属導線の両端を接合して回路をつくり，両接点を異なる温度に保つと，ゼーベック効果により，温度差に比例した熱起電力（電位差）が生じる．例えば鉄と銅線の両端を接合し，一端を熱すると，高温の接点では銅から鉄に，低温の接点では鉄から銅に向かって電流が流れる（図1.3）．片側の接点を既知の温度に保てば，電位差を測定することにより，他端の温度を測定することができる．精度の高い測定が必要なときには片側の接点として 0℃ の基準接点を用いるが，一般には電気的に温度補償して測定することが多い．

熱電対の種類としては，白金-白金・ロジウム合金などがあるが，銅・コンス

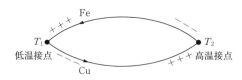

図 1.3　熱電対の原理

表 1.5　代表的な熱電対の 0～100°C の温度差に対する熱起電力 [mV]

白金-白金ロジウム	0.645
クロメル-アルメル	4.1
銅-コンスタンタン	4.28

タンタン（銅 55％，ニッケル 45％ の合金）の組合せは安価で，$-180～+200$°C の温度範囲で精度良く測定できるのでしばしば用いられる（表 1.5）．感温部の熱容量が小さいので，測定対象の温度に影響をほとんど与えない点が利点であるが，銅の熱伝導度がよいために表面温度の測定のときなど，銅線を通して接点へ熱が移動し，気温の影響を受けて測定に狂いを生じやすいので注意を要する．

g. 放射温度計

絶対零度より高温の物体はその表面から，温度に対応する光を放射している．物体の温度が高くなるほど，放射は強くなり，全体に短い波長の光が多くなる．

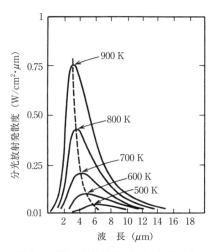

図 1.4　黒体から放射される光の波長分布

写真 1.3 放射温度計

あらゆる放射を吸収する物体（黒体）から放射される光のエネルギー（波長）と温度との関係は，プランクの放射則（3.2.3項を参照）によって与えられている（図1.4）．そこでプランクの放射則を用い，放射されるすべての光や，ある限られた波長域の光のエネルギーを測定したりして，黒体の場合なら真の温度を，一般の物体の場合なら見かけの温度を求めることができる．対象に接触しないで計測できる点は資料の表面温度などを測定する際にたいへん便利ではあるが，見かけの温度から真の温度を推定するための放射率を正確に決めることが困難で，実用上は温度の相対変化を測定するために用いることが多い（写真1.3）．

h. 液晶温度計

物質は一般に，固体，液体，気体の3相に変化するが，液晶は固体（結晶）と液体の中間的な相である．物質によってはこの中間の性質を示すものがあり，現在までに天然および人工的合成物を含めて数千種類にのぼる液晶物質がある．それらはすべて有機物分子から構成されている．液晶はきわめて弱い外力（電磁力，圧力など）や環境の変化（温度，化学物質との接触など）に敏感に応答する性質をもっている．液晶の中には分子が層状に並び，その間隔（ピッチ）が可視光の波長（400～800 nm）にほぼ等しく，白色光を当てると光を回折して干渉色を示すものがある．ピッチが温度によって変化すると，それに応じて干渉色が変わるので，液晶の色から温度を知ることができる．温度が元に戻れば色も元に戻る可逆性タイプと，戻らない不可逆性タイプとがある．精度は低いが，温度が一目でわかるので小さなケースや額内の温度を知るときなどには便利である（写真2.5参照）．また輸送中に資料が設定温度範囲を超える，大きな温度変化を受け

たかどうかをチェックする簡便な方法として，不可逆性タイプの示温塗料を用いることもできる．

引 用 文 献

1) 計量研究所：1990年国際温度目盛り (ITS-90)〔日本語訳〕, 計量研究所報告, **40**, 308-317, 1991.
2) 物理学事典編集委員会：改訂版物理学事典, 培風館, p.354, 1992.
3) 長倉三郎, 井口洋夫, 江沢 洋編：岩波理化学辞典第5版, 岩波書店, p.696, 1998.
4) M. Fukuda：Rock weathering processes by frost upon the wall carvings and its preservation, Conservation and Restoration of Mural Paintings (I), The Proceedings of the International Symposium of the Conservation and Restoration of Cultural Property, pp.155-166, Tokyo National Research Institute of Cultural Properties, 1984.
5) 東京国立文化財研究所：石造文化財の保存と修復, 東京国立文化財研究所, 1985.
6) 真島正市, 磯部 孝：計測法通論, 東京大学出版会, p.352, 1974.

2

湿　　度

2.1　湿　　度

　空気には，窒素（N_2）78％，酸素（O_2）21％，アルゴン（Ar）1％，二酸化炭素（CO_2）0.03％などが含まれていて，このほかに空気中に含まれる水蒸気の量や割合を表すものが，湿度（humidity）である．ただし液体の水や氷として空気中に含まれる雲や霧などは，湿度に含まれない．

　一般に湿度というと相対湿度をさすことが多いが，湿度にはほかにも絶対湿度や露点温度などいろいろな表記方法がある．絶対湿度は空気に含まれる水分の量を表し，相対湿度はその空気が最大含むことができる水分量（飽和水蒸気量）に対する現在の水分量の比で表される．水蒸気を含んだ空気のことを湿り空気といい，含まない空気のことを乾き空気という．混合気体の分圧に関するドルトン（Dolton）の法則から，水蒸気を含んだ湿り空気を乾き空気と水蒸気に分けて別々に取り扱うことができる．

　またボイル-シャルル（Boyle-Charles）の法則で，気体の体積 V は次のように表すことができる．

$$V = \frac{nRT}{P}$$

　ここで，V：気体の体積，T：気体の絶対温度（$T = t + 273.15$），n：気体のモル数，P：気体の圧力，R：気体定数（8.31451 J/K・mol または 1.986 cal/K・mol）．

　この式からわかるように，気体の体積は圧力に反比例し，またその絶対温度に比例して大きくなる．例えば1気圧，10℃の乾き空気の温度が20℃に上がると，空気の体積は約3％大きくなる．以下の議論は圧力が一定で，温度による気体の体積変化もほぼ無視できる範囲で行うものとする．

2.1.1 絶対湿度

乾き空気 1 m³ の中に含まれている水蒸気の質量（単位水蒸気量）を絶対湿度（absolute humidity）と呼び，単位を g/m³ で表す．温度や圧力が変わると気体の体積が変化し，水蒸気量は変わらないのに絶対湿度が変化して不便なので，体積の代わりに空気の重さを基準にとったものを混合比と呼び，おもに空調関係で用いられている．

絶対湿度(AH)＝水蒸気量[g]／体積[m³]

2.1.2 相対湿度

水蒸気圧と飽和水蒸気圧の比を百分率で表した値を相対湿度（relative humidity：RH）と呼び，単位は％である．水蒸気圧の代わりに単位水蒸気量（絶対湿度）と飽和水蒸気量との比をとってもよい．空気の乾き具合や湿り具合を表し，人間の実感に即しているという利点があり，湿度を表すのに最もよく用いられる．

相対湿度(RH)＝100×水蒸気圧[hPa]／飽和水蒸気圧[hPa]
　　　　　　　または
　　　　　　＝100×絶対湿度[g/m³]／飽和水蒸気量[g/m³]

飽和水蒸気圧や飽和水蒸気量は温度が変わると変化するので，空気の水蒸気圧は変わらないのに相対湿度が変化するという欠点がある．また飽和蒸気圧は気温のほかに，空気の接触面が水面であるか氷面であるかによっても異なるので，低温時の湿度測定は，水に対する飽和水蒸気圧と氷に対する飽和水蒸気圧のどちらを用いなければならないか，測定に応じて注意する必要がある．

2.1.3 露　点

飽和水蒸気圧は温度が低くなるほど小さい．そこで圧力を一定にして容器内の空気を冷やしていくと，中に含まれる水蒸気の量は変わらなくても，次第に中の相対湿度は上がってきて，ある温度になると相対湿度が100％になって飽和し，結露が始まる．このとき，空気中に含まれている水蒸気が飽和する温度を露点（dew point）と呼び，単位は℃である．露点が0℃以下で，結露した露が凍っているときは霜点（frost point）と呼ぶこともある．冷却前の空気の水蒸気圧は露点温度の飽和水蒸気圧に等しい．露点は結露や空調機による冷却の問題を考え

2.1 湿度

表 2.1 空気の温度に対する飽和水蒸気量

[g/m³]

℃	0.0	0.1	0.2	0.3	0.4	0.5	0.6	0.7	0.8	0.9
0	4.845	4.879	4.912	4.946	4.980	5.014	5.049	5.085	5.120	5.155
1.0	5.190	5.226	5.262	5.298	5.333	5.370	5.406	5.443	5.480	5.518
2.0	5.556	5.593	5.632	5.670	5.708	5.747	5.786	5.825	5.864	5.904
3.0	5.944	5.984	6.024	6.065	6.106	6.147	6.188	6.229	6.271	6.313
4.0	6.356	6.398	6.441	6.484	6.527	6.570	6.615	6.658	6.703	6.748
5.0	6.792	6.837	6.883	6.928	6.974	7.021	7.067	7.113	7.160	7.207
6.0	7.254	7.302	7.350	7.399	7.447	7.496	7.545	7.594	7.644	7.694
7.0	7.744	7.795	7.846	7.896	7.948	8.000	8.052	8.104	8.157	8.210
8.0	8.263	8.317	8.370	8.425	8.478	8.533	8.589	8.643	8.700	8.756
9.0	8.811	8.868	8.925	8.982	9.039	9.097	9.155	9.213	9.272	9.331
10.0	9.391	9.451	9.511	9.572	9.633	9.693	9.755	9.817	9.879	9.941
11.0	10.00	10.07	10.13	10.20	10.26	10.32	10.39	10.46	10.52	10.59
12.0	10.65	10.71	10.78	10.85	10.92	10.99	11.06	11.13	11.19	11.26
13.0	11.34	11.40	11.48	11.55	11.62	11.69	11.77	11.83	11.91	11.99
14.0	12.05	12.13	12.21	12.28	12.36	12.43	12.51	12.58	12.66	12.74
15.0	12.81	12.90	12.97	13.05	13.13	13.22	13.30	13.37	13.46	13.53
16.0	13.62	13.70	13.79	13.86	13.95	14.03	14.12	14.20	14.29	14.38
17.0	14.47	14.55	14.64	14.72	14.81	14.90	14.99	15.08	15.17	15.26
18.0	15.35	15.44	15.54	15.63	15.72	15.82	15.91	16.00	16.10	16.19
19.0	16.29	16.39	16.48	16.58	16.68	16.78	16.87	16.98	17.08	17.18
20.0	17.28	17.38	17.48	17.58	17.68	17.79	17.89	18.00	18.10	18.20
21.0	18.32	18.42	18.53	18.63	18.74	18.85	18.96	19.07	19.18	19.29
22.0	19.40	19.52	19.63	19.74	19.85	19.97	20.08	20.20	20.31	20.43
23.0	20.55	20.66	20.78	20.90	21.02	21.14	21.26	21.39	21.51	21.63
24.0	21.76	21.88	22.00	22.12	22.25	22.38	22.50	22.63	22.76	22.88
25.0	23.02	23.15	23.28	23.41	23.54	23.67	23.81	23.93	24.07	24.21
26.0	24.34	24.48	24.62	24.75	24.89	25.03	25.17	25.31	25.45	25.59
27.0	25.74	25.88	26.03	26.16	26.31	26.45	26.61	26.75	26.90	27.04
28.0	27.19	27.35	27.49	27.65	27.80	27.95	28.11	28.26	28.41	28.57
29.0	28.72	28.88	29.04	29.20	29.36	29.51	29.68	29.84	30.00	30.16
30.0	30.33	30.49	30.65	30.82	30.99	31.16	31.33	31.50	31.67	31.84
31.0	32.01	32.18	32.35	32.53	32.70	32.88	33.05	33.23	33.41	33.59
32.0	33.77	33.95	34.12	34.31	34.49	34.68	34.85	35.04	35.23	35.42
33.0	35.60	35.80	35.98	36.17	36.36	36.56	36.75	36.94	37.14	37.33
34.0	37.53	37.73	37.93	38.13	38.32	38.53	38.73	38.93	39.14	39.34
35.0	39.54	39.75	39.96	40.17	40.37	40.58	40.79	41.01	41.22	41.44
36.0	41.65	41.87	42.08	42.30	42.52	42.74	42.96	43.18	43.40	43.62
37.0	43.85	44.07	44.30	44.53	44.75	44.98	45.22	45.44	45.68	45.91
38.0	46.14	46.38	46.61	46.85	47.09	47.33	47.57	47.82	48.05	48.30
39.0	48.55	48.79	49.04	49.29	49.53	49.78	50.03	50.29	50.54	50.79
40.0	51.05	51.30	51.56	51.82	52.08	52.34	52.60	52.87	53.13	53.40
41.0	53.66	53.93	54.20	54.47	54.74	55.01	55.29	55.56	55.83	56.11
42.0	56.39	56.67	56.95	57.23	57.51	57.79	58.08	58.37	58.65	58.95
43.0	59.23	59.52	59.81	60.10	60.40	60.70	61.00	61.29	61.59	61.89
44.0	62.19	62.50	62.80	63.11	63.42	63.72	64.03	64.35	64.65	64.97
45.0	65.28	65.60	65.92	66.23	66.55	66.88	67.20	67.52	67.85	68.17
46.0	68.49	68.82	69.16	69.49	69.82	70.16	70.50	70.84	71.17	71.50
47.0	71.85	72.19	72.54	72.88	73.23	73.58	73.92	74.27	74.63	74.98
48.0	75.33	75.69	76.05	76.41	76.78	77.13	77.49	77.86	78.22	78.59
49.0	78.97	79.34	79.71	80.08	80.46	80.84	81.22	81.59	81.97	82.36
50.0	82.74	83.13	83.52	83.91	84.29	84.69	85.08	85.47	85.87	86.27

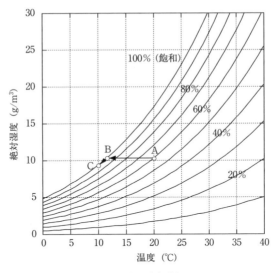

図 2.1 湿り空気線図

るときに便利であるが，露点温度から水蒸気量は直感的に把握しにくい．

　絶対湿度，相対湿度，露点の三つの湿度の関係は，「湿り空気線図」（図 2.1）で示すことができる．図 2.1 の横軸は温度［℃］，縦軸が絶対湿度（単位：g/m³）を表し，曲線は相対湿度が一定の場合の温度と絶対湿度の関係を示している．このグラフを用い，温度と相対湿度から絶対湿度を求めることができる．例えば図 2.1 で，温度 20℃ 相対湿度 60% である室内の絶対湿度（A 点）はグラフからおよそ 10 g/m³ と読むことができる．この部屋に 10℃ の部屋にあった金工資料をもってきたとすると，この金工資料の表面近くの空気の温度は冷やされて 10℃ になる．そのため湿り空気線図上で空気中の湿度の変化を見ると，まず A 点から B 点（約 12℃）へ温度が低下し，B 点で相対湿度 100% になって結露が始まり（露点），その後は相対湿度 100% の曲線に沿って温度が下がって C 点（10℃）に達する．C 点での絶対湿度は約 9 g/m³ であるので，差し引き 1 g/m³ 程の水分が資料表面で結露することになる．

2.1.4　そ の 他

　以上にあげた湿度の表記方法のほかに，実効湿度が火災予防のために利用されている．乾燥した日が長く続くほど，木材はよく乾いて火災が発生しやすい．そ

こで火災予防の立場から次の式をもとに実効湿度 r を求め，火災の危険性の目安としている．

$$r = (1-a)(r_0 + ar_1 + a^2 r_2 + \cdots)$$

ここで，r_0, r_1, r_2, … は当日，前日，前々日，… の日平均相対湿度を表し，a は時間経過による影響の度合を示す数値で，普通 0.7 が用いられる．

このほか湿度は文化財だけでなく，人間の居住環境のうえでも重要な要素である．人間にとって好ましい相対湿度は 40～60% の範囲であり，冬季など低い湿度が続くと肌やのどが荒れ，風邪にかかりやすくなる．逆に梅雨期のように高温多湿な季節には，発汗による放熱量が減少するために不快と感じる．人間にとっての不快さは気温，風速など他の気象要素も関係していて，これを評価するのに不快指数（discomfort index）が用いられている．不快指数が 70 以上になると一般に不快を感じ，75 以上で半数以上の人が不快，80 以上でほとんどすべての人が不快と感じるとされている．不快指数は風がない室内での体感の表示に気象分野で用いられ，次の式で与えられる．

不快指数＝0.72(乾球温度＋湿球温度)＋40.6

2.2 湿度と劣化

酸化や加水分解などの化学反応は水分があることによって反応が進む．このため劣化は温度と同様に湿度が高いほど早く進む．図 2.2 は温度を 80℃ で相対湿度を変えて，ボンド紙を促進劣化させたときに，その強度（耐折強度）がどのように低下するかを調べた結果で，あきらかに湿度が高くなるほど耐折強度は速く低下している[1]．反面，紙の衝撃強さは紙が乾燥していると小さく，ある程度の湿り気があった方が大きい（図 2.3）[2]．これはわれわれが巻物や本などを扱うときに，紙が乾いていると柔軟性が失われ，ぱりぱりして取り扱いに苦労するため，ある程度の湿気があった方が取り扱いやすいという経験からもわかる．このように，紙資料の保存のための 55～65% RH という湿度条件は，資料の活用と保存の両面を考慮したうえで出された値である．

湿度はまたカビや虫など生物被害の発生にも大きな関係がある．生物被害の発生には温度も関係するので，ある地域の気候が生物被害の発生を起こしやすいも

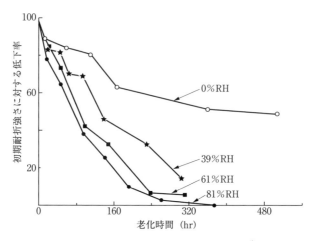

図 2.2 ボンド紙の耐折強度と湿度との関係[1]

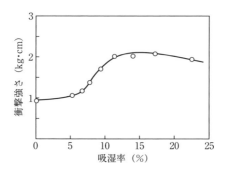

図 2.3 紙の衝撃強さと吸湿率の関係[2]

のであるかどうか判断するために，横軸に相対湿度，縦軸に温度をとって，1月から12月までの各月の平均値をプロットしたクライモグラフが用いられる．クライモグラフは1915年にG.テーラー（Taylor）が白人移住の際の気候適応を調べるため，体感気候を表現するのに考案したもので，テーラーは相対湿度の代わりに，気温と降水量を組み合わせたハイサグラフも考えだしている．

図2.4は東京とパリのクライモグラフである．東京は夏，気温と湿度が高く，冬は低い．パリは夏，気温は高いが湿度は低く，冬はその逆になっている．そのため東京のグラフの形は右上がりで，パリの形は右下がりとなる．このグラフにカビや虫の発生しやすい範囲を重ねてみると[3]，東京の気候は6月から9月まで

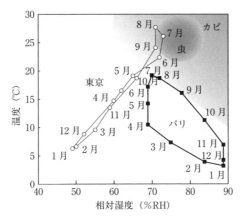

図 2.4 東京とパリのクライモグラフ
東京は1981〜2010年の平均値, パリの気温は1951〜1980年, 相対湿度は1961〜1967年の平均値

カビや虫が発生しやすく, パリは一年を通じて, その範囲からはずれている. 日本がヨーロッパにくらべて生物被害の発生しやすい気候にあることが明確である. カビは60％RH以下では生育せず, 栄養分が豊富な素材の場合, 70％RHでは約3ヶ月で生育する（図5.1参照）[4].

図2.4でパリの年平均相対湿度は78％（1961〜1967年の平均値）で, 東京の年平均相対湿度62％（1981〜2010年の平均値）より10％以上高くたいへん湿っているようにみえるが, 年降水量（平年値）を比較するとパリは585 mm（1951〜1980年の平均値）, 東京は1528.8 mm（1981〜2010年の平均値）とおよそ3分の1程度である. 湿度が高いだけでなく, ものが濡れているとカビや虫は発生しやすいので, 気候を比較するためにはクライモグラフだけでなく, 気温と降水量を組み合わせたハイサグラフが役に立つことがわかる（図2.5）.

近年は紙や繊維など昔から用いられていた天然材料だけでなく, プラスチックなどの人工材料の保存, 特に資料館でのフィルム, テープ, CDなどの電磁媒体の耐久性が問題になっている. そこでこれらの記録媒体について, その耐久性を三つのグループに分け, 最も耐久性の低いグループに入るカラー写真などを, 異なる温度と相対湿度環境下に置いたときの耐久性の変化を表したものが表2.2である[4]. おおむね温度が5℃低くなると資料の寿命が2倍になり, 相対湿度が半分になると資料の寿命は2倍以上延びるとされる.

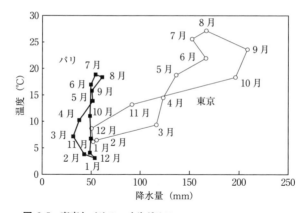

図 2.5 東京とパリのハイサグラフ
東京は 1981～2010 年の平均値,パリは 1951～1980 年の平均値

表 2.2 さまざまな温湿度条件下における耐久性の低い記録媒体の寿命[4] (単位年)

		8% RH	15% RH	30% RH	50% RH	80% RH
暖	25℃	150～500	75～250	30～100	15～50	8～25
中庸	20℃	300～1000	150～500	60～200	30～100	15～50
涼	15℃	600～2000	300～1000	120～400	60～200	30～100
涼	10℃		600～2000	240～800	120～400	
寒	0℃			1200～4000	600～2000	
極寒	－20℃				20000+	

　以上のような議論をもとに,文化財を保存するための温湿度の条件として,IIC (International Institution for Conservation of Artistic and Historic Works, 国際文化財保存学会),ICOM (International Council of Museums, 国際博物館会議),ICCROM (International Centre for the Study of the Preservation and Restoration of Cultural Property, 文化財保存修復研究国際センター) などでは,表2.3のような温湿度を基準として勧めている[5]. ただしこれらの条件を適用するにあたっては,保存環境の履歴や気候を十分に考慮しなければならない.

　実際の文化財は,金属や漆・木・布・皮革が混在した複合材料でできていることが多い. それぞれの材料は,湿度や温度によって異なった伸び縮みを起こすために接合部でストレスが生じる. しかし長年一定の環境下に置かれていたならば,その環境下でお互いの材料はすでに平衡状態になっていると考えられる. そのようなときは今置かれている保存環境が上の条件に適していなくても,資料に

2.2 湿度と劣化

表 2.3 材質に応じた湿度条件

温 度	約20℃（人間にとって快適な温度） フィルム（ポリエステルベース）の長期保存については，黒白フィルム21℃，カラーフィルム2℃		
湿 度 (相対湿度)	高湿度	100%	出土遺物（保存処置前のもの，防黴処置が必要）
	中湿度	55～65% 50～65% 50～55% 45～55%	紙・木・染織品・漆 象牙・皮革・羊皮紙・自然史関係の資料 油　絵 化　石
	低湿度	45%以下 30%以下	金属・石・陶磁器（塩分を含んだ物は先に脱塩処置が必要） カラーフィルム（ポリエステルベース，ただし温度に依存する）

　カビや錆が発生したりせず安定な状態であれば，表2.3の温湿度条件に合わせようとして，急激な温湿度の変化を資料に与えることは避けなければならない．

　表2.3は一定の湿度を保ったときの保存条件であるが，温度や湿度に変動がある場合の資料への影響も研究されている．表2.4は温度が30℃を超えず，湿度も75%を超えないという条件で評価したときの結果である[4]．羊皮紙の上に厚く彩色された資料のようにきわめて脆弱なものの場合には，±5%の湿度変動でもごくわずかな傷みを資料に引き起こすおそれがある．なお表2.4でいう損傷とは，元に戻らない変形，裂け，剥離などをさす．

表 2.4　温度と相対湿度の変動が資料に与える
　　　　機械的損傷の危険性評価[4]

温度・湿度の変動幅	資料の脆弱度*に応じた損傷程度の評価		
	脆弱度高	脆弱度中	脆弱度低
±5	なし～微少	なし	なし
±10	なし～小	なし～微少	なし
±20**	小～甚大	なし～小	なし～微少
±40**	甚大	小～甚大	なし～小

　*脆弱度による資料の分類
　「高」：羊皮紙に描いた厚手の絵，紙や布に油や樹脂で描いた厚手の絵，中程度に脆弱な資料のうちで紫外線や化学物質で傷んだもの
　「中」：ほとんどの焼付写真，ネガおよびフィルム，ほとんどの磁気記録媒体，ほとんどの油彩画，羊皮紙に書かれたインクで薄くしっかりついたもの，紙に描かれたガッシュ，上質皮紙と（または）木でできた本の装丁
　「低」：ほとんどの一枚紙の印刷，網版，線画，インク画，水彩画など，ほとんどのハードカバーの本，ほとんどのCD
　**温度30℃，相対湿度75%をいずれも超えない範囲での変動

2.3 湿度の調節

2.3.1 空気調和

環境を適切な湿度に保つ方法として，伝統的に曝涼(虫干し)や桐などでできた保存箱が使用されてきた．奈良時代の記録(『延喜式』)によると曝涼は夏に行われていて，梅雨の間にたまった湿気を抜き，資料を点検していたようである[6]．また昔から資料の収蔵に用いられてきた校倉や土蔵の中の温湿度は，壁材の断熱や吸放湿により日変化がたいへん小さくなっていることが明らかにされている[7～9]．しかし現在では，土蔵のように壁厚が1m近い建物を収蔵庫として建設することは現実的でないので，温湿度を一定に保つためには空調を使用するのが一般的である．

一般的な空気調和では，暖かい空気から冷たい空気また乾いた空気から湿った空気まで，さまざまな状態の空気を作りだせる空気調和機を機械室に置き，送風機によってダクトを通して空調した空気を送り，展示室・収蔵庫の天井や壁に取り付けた吹出し口から空調空気を送り込む．空調機に入った空気はまず空気調和機内のコイルと呼ばれる熱交換器(冷却器)によって低温にされ，同時に空気中に含まれる水分は冷却器の周りに結露することによって減らされる．その後，加熱器によって空気中の温度はあらかじめ設定された温度まで上げられるが，そのままでは設定した湿度より乾燥した空気になっていることが多いので，別に作った水蒸気を空気の流れの中に噴出させたり，水を直接霧状にして吹き込んだり，加湿器を用いて設定した湿度まで加湿する．このように空調機は温度と湿度を下

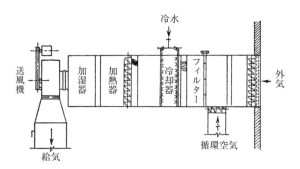

図 2.6 一般的な空調機

2.3 湿度の調節

げるための冷却器と，温度を上げるための加熱器，湿度を上げるための加湿器からできている．

　空調機は温度や湿度を調節するだけでなく，同時に空気をきれいにするための機能ももっている．比較的大きな塵埃に対しては，通常グラスウールを 20〜50 mm 程度の厚さにしたものなどを空気ろ過器（エアフィルター）とし，これを用いて取り除くが，博物館・美術館などではガラス繊維のろ紙などを使った高性能フィルターによりさらに微小な塵埃まで除いたり，化学吸着フィルターを用いて汚染ガスを除いたりしている．

　事務室や家庭用として用いられているユニット型の空調機は冷却器だけをもっていて，加湿器をもたないために相対湿度を制御できない．このような空調機からの冷房時の吹出空気は相対湿度が 100% 近い冷たい空気で，室内の相対湿度はその空気がどれだけ室内で暖められるかという成り行きで決まり，相対湿度を一定に保つことはできない．そのため，博物館・美術館を空調するときには，必ず相対湿度も調節できる空調機を用いる．

　空調系統は収蔵庫と展示室を分け，さらに絵画・染織品のように細かな配慮が必要なものと，土器・陶磁器のように比較的温湿度の影響を受けにくいものなどに分けた，収蔵資料別の空調系統にすることが多い[10]．収蔵庫の壁は二重にし，内壁には木材や調湿ボードのような調湿効果のある材料を用いる．空調空気は埃を舞い上げないように，天井から床へ向かって流れるようにし，資料を収蔵・展示する場所をあらかじめ考慮して，直接風が資料に当たらないような位置に吹出し口を数多く分散して配置する．風向も拡散できるような吹出し口の構造とし，風速は吹出し口から 20〜30 cm 離れた点で，1 m/s 以下になることが望ましい．

　状況によっては加湿器や除湿器を使用することも考えられる．例えば多くの土蔵では，庫内の年平均相対湿度が 70% を超え，特に気温の高くなる夏期には収納品にカビや虫が発生しやすいので，除湿器の使用が必要になることがある．除湿器の内部には冷却器があり，冷却器で空気を冷やして，空気中の水分を結露させ取り除く．除湿した水は排水管を通して排水するが，内部のタンクにためるタイプでは，タンクにたまった水をこまめに捨てるようにしないと，水が満杯になって除湿器が停止したり，たまった水が周囲にあふれたりすることがある．また狭い空間の中で除湿器を使用していると，その熱で周囲の温度が上がってくるので，空調機の代わりとして恒常的に除湿器を用いる場合には注意が必要である．

乾燥した冬期には，暖房でさらに湿度が下がり，材質中の水分が失われて資料が脆くなったり表面の艶が失われたりするので，絵画・木製品・漆工芸品など乾燥に弱い資料のある場所では，加湿のための装置が必要となる．加湿器には噴霧式と蒸発式があるが，噴霧式の加湿器は資料を濡らす心配があるうえに，水道水を用いると資料の表面に水に含まれる石灰分が残留して付着するおそれがあるので，展示ケースや収蔵庫の中では噴霧式ではなく蒸発式加湿器を用いる．ただ蒸発式の加湿器は内部にカビが発生することがあるので，内部をよく清掃しなければならない．

室内を 60% 前後に空調しているのに，資料にカビが生えるときがある．これは結露が原因であることが多い．室内の気温は必ずしも均一ではなく，特に冬季には壁面やガラス戸が外気温によって冷やされて露ができ，結露による被害が起こりやすい．北側の外壁に面した壁が湿りやすく，そこへかけておいた絵や，壁際の棚においた資料などにカビが発生しやすい．結露防止には，室内空気の攪拌や換気により高い湿度の空気の停留を避ける，壁との間に風通しのための空間をとるなどの方法が有効であるが，それらの方法をとっても結露が改善されないときには，壁の断熱工事をやり直さなければならない場合もある．このほか，夏に冷気のダクトに結露して天井裏に水がたまったり，冷気の吹出口に結露した水が床や棚に垂れたりする被害例もしばしば起こり，夏期の冷房中は結露に対する注意が必要である．

局所的にカビが生えるケースとしては，結露のほかに漏水も考えられる．特に収蔵庫など二重壁になったところでは内壁が乾いていると，外壁と内壁の間に雨水や地下水の侵入があっても気づかないことがある．ある決まった場所だけにカビや虫の被害がみられるときは，必ずそこに何らかの原因があるはずで，データロガーなどを設置して，ある期間，その場所の温湿度記録をとり，ほかの場所と比較して原因を探ってみることが大切である．

2.3.2 展示ケース

展示ケース内の空調は，(a) 自然換気方式，(b) 調湿剤を用いる方式，(c) 空調機を用いる方式の 3 種類がある[11]（図 2.7）．

(a) 自然換気方式： 展示室内の空気をケース内に流すため，展示室内の塵埃がケース内に入らないよう空気取入れ口にフィルターを用いる．それでも観客

2.3 湿度の調節　　　　　　　　　　　　　　　29

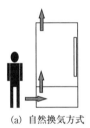　　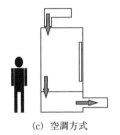

　(a) 自然換気方式　　(b) 調湿剤方式　　(c) 空調方式

図 2.7　各種の展示ケース

の出入りによる室内の温湿度変動がケース内にそのまま伝わる欠点があるので，空調の不完全な展示室では自然換気方式は勧められない．

　(b)　調湿剤を用いる方式：　密閉度の高いケースを用いることで，空調のON/OFFによる湿度変化など外界からの影響を受けにくいので，重要な文化財を展示するときにはこの方法が多く用いられている[10]．使用にあたっては資料の適正湿度に応じた調湿剤を用いる．ただし使用する材料や使用前の換気に注意を怠ると，かえって内装材からの汚染物質で資料を傷める危険があるので注意を要する．また大きな展示ケース，特に高さのある展示ケースでは上下に温度差が生じて，ケース内の湿度を均一に保つことが難しい．

　(c)　空調機を用いる方法：　調湿剤では調節しにくい壁付きの大きなケースなどに利用されている．空気はケース前面のガラスに沿って上から下へ緩やかに流すようにする．展示品に応じて内部の湿度を変更できる利点があるが，湿度を保つためには恒常的に空調機を運転させなければならない．設計上は24時間空調を予定していても，開館後に経費節約のために昼間のみの空調に変更したり止めたりなど，設計のときには予想しなかった問題が生じることもあるので，そのようなことに対する対応策も考えておく必要がある．

　このほか，空調機や自然換気を用いる方法ではしばしば，外からは見えない展示ケース下の床下からの埃や汚染を拾っていることがあるので注意を要する．特に展示ケース下の床はコンクリートがむき出しになっていることが多く，そこから発生する埃やアルカリ物質の影響が展示ケース内に強く表れる．施工のときには展示ケース下の床や二重壁の外壁で内側に面した部分など，外から見えない部分も丁寧に施工して，室内に影響を与えない配慮が必要である．

2.3.3 調 湿 剤

上に述べたように密閉展示ケースには調湿剤が用いられる．この調湿剤のはたらきは湿度を一定に保つのではなく，周囲の急激な湿度変化をやわらげる緩和作用をするもので，粘土やゼオライト，シリカゲルなどの多孔質の材料でできている．ここではシリカゲルを例にとって調湿作用を説明する．

シリカゲルは水ガラス（ケイ酸ナトリウム）の水溶液に酸を加えることにより生成する含水ケイ酸（ヒドロゲル）を洗浄し，加熱脱水して得られる白色の固体で，二酸化ケイ素（シリカ）$SiO_2 \cdot nH_2O$ からなる．化学的にも安定で水にも不溶で無害である．表面には数 nm の孔が無数に開いており，このため内部表面積は $500 \sim 700 \, m^2/g$ に達する．水，二酸化硫黄，その他の極性物質を吸着する性質が強い．シリカゲルの水分吸着特性は表面に開いた孔の毛管径や毛管の数などによって決まる．また湿度に応じてシリカゲルからどれくらいの水が出入りするかは，空気の相対湿度に対するシリカゲルの平衡含水率によって決まる．

シリカゲルには，特に低湿度で吸着容量の大きい A 型と高湿度で吸着量の増加する B 型，広い相対湿度にわたって吸着量が湿度に比例して増加するタイプとがあり，3 番目のタイプのシリカゲルが調湿剤として用いられる（図 2.8）[12]．A 型シリカゲルは一定量の水分を吸着すると除湿能力は失われ，一度吸着した水分は周囲の湿度を下げても放出されない．水分の吸着状態を判定するためにA 型シリカゲルに塩化コバルトをしみこませて青色とし，塩化コバルトが結晶

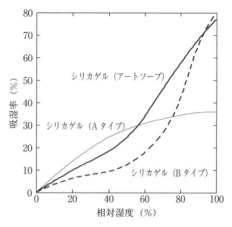

図 2.8 各種のシリカゲルの水分吸着特性

水を得てその色が桃色に変わったことを見て，吸着能力が失われたことがわかるようになっているものが乾燥剤としてよく利用されている．

シリカゲル周囲の湿度が変化して空気中の水分量が変わると，シリカゲルから水分が出入りして，空気中の水分量変化を緩和して湿度変化を抑える．このような湿度変化緩和作用は，シリカゲルやゼオライトなどに限らず木材など多くの材料ももっているが，調湿剤から出入りする水分量は木材などにくらべてずっと多いので，少ない量で湿度の変化を緩和できる[13]．今，内容積が $1\,m^3$ の展示ケースがあったとする．このケースの中の空気の温度と湿度がそれぞれ，$20°C$，60% RH とすると，$20°C$ の空気の飽和水蒸気量は $17.3\,g/m^3$ であるから，ケースの中の空気には

$$17.3 \times \frac{60}{100} \times 1 \fallingdotseq 10.4\,[g]$$

の水分が含まれている．このケースに外部から $2\,g$ の水分が入ったとすると，温度が $20°C$ で変わらないのであれば，このケースの中の相対湿度は

$$\frac{10.4+2}{17.3} \times 100 = 72\,[\%]$$

に上昇する．一方，調湿剤として用いられているシリカゲル $1\,kg$ は，その平衡湿度が 60% から 61% に変化すると約 $4\,g$ の水分を吸収するから（図2.8），このシリカゲル $0.5\,kg$ を上の展示ケース内に入れておけばケースに侵入した水分 $2\,g$ を全部吸収しても，ケース内の相対湿度は 60% から 61% に 1% 上がるだけで，調湿剤を入れない場合の湿度変化（12%）にくらべて，ケース内の湿度変化を10分の1以下に小さくすることができる．これが調湿剤による湿度変化の緩和効果である．

当然のことであるが，外部からいつまでも水分が入ってきたり，逆にいつまでも出ていったりする場合には，いつかは調湿剤が飽和あるいは乾燥してしまい，その能力が失われてしまうから，開放した空間や隙間の多いケースでは調湿剤は使用できない．また調湿効果にはケースの密閉度が関係するので，厳密に湿度を一定に保ちたい場合にはケースの空気交換率と外部の温湿度変化をあらかじめ調べて，どの程度の量の調湿剤をケース内に入れるのが適当かを予測する．空気交換率は一般の木製展示ケースで1回/日程度，よくできた密閉展示ケースでは0.1回/日程度である[14]．空気交換率が1回/日の展示ケースを用いて年間を通して中

の相対湿度を一定に保とうとすると，ケースの容積に対して 20 kg/m³ のシリカゲルが必要であると G. トムソン（Thomson）は述べている[15]．わが国では展示室内を空調し，密閉度の高いケースを一般に用いているので，通常はケースの容積あたり 1 kg/m³ 程度の量の調湿剤で十分である．ただし相対湿度には温度も関係するから，照明の熱により展示ケース内に極端な温度差ができていたりすると正しい調湿効果は得られない[16]．また調湿剤がケースの床下に置いてあってケース内との空気の流通がうまくいっていなかったり，調湿剤の周囲の温度がケース内の温度と異なっていたりしている場合も，調湿効果は損なわれる．調湿剤はできるだけ資料の近くに置くことが原則である．ただし調湿剤が資料に直接触れるのは好ましくない．

2.3.4 保 存 箱

昔から掛け軸や茶道具などの保存には桐で作られた保存箱が用いられてきた．断熱性と吸放湿性のよい桐で作った保存箱は，急激な温湿度の変化を緩和して，中に入れた物への影響を小さくする効果がある．また，桐箱を透湿性の小さな漆塗りの外箱と組み合わせれば，梅雨時の湿気や冬季の乾燥した空気が桐の内箱の内部に入ることを防ぐことができる．保存箱にはさまざまな形のものがあるが，なかでも内箱は印籠造りで，外箱は漆塗りの二重箱が内部の温湿度を最もよく一定に保つ（図 2.9）．

保存箱の中の湿度変化を普通の桐材で作った箱の中の湿度変化とくらべてみると，急激な温湿度変化に対しても，ゆっくりした温湿度変化に対しても，保存箱

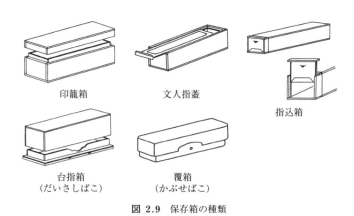

図 2.9 保存箱の種類

の方がずっとすぐれている．保存箱がこのように外気の影響を受けにくいのは二つの理由によると考えられる．

　一つは保存箱の材料を選ぶときに，桐の中でも目の詰んだ重い桐を選んでいることである．一般に桐の比重は 0.22 程度であるが，保存箱に用いている桐は 0.25〜0.32 と重い．職人が桐材を選ぶときに，柔らかくて木目の粗いものを嫌い，硬くてきめの細かい材をよしとする背景には，見た目の美しさ以外にこのような点を経験的に判断していると考えられる．二つめは製作工程の最後で，箱の表面に防湿処置を施しているからである．太い導管をもつ広葉樹の桐の外気に接する面は，はじめに砥粉で目止めして導管をふさぎ，その後，蝋で防湿処置を施すという丁寧な作業を行っている．さらに外箱には漆塗りをして湿気の侵入を防ぐ．その結果，何も処置を施していない新しい箱にくらべて，保存箱ははるかに外の湿度変化が内部へ伝わりにくい[17]．

　ただし保存箱も湿ったり乾いたりしている場所にずっと置いておくと，2ヶ月ほどで外の湿度と平衡する．そのため保存箱にしまってある作品であっても，被害が生じないよう周囲の温湿度を適切に保ち，保存箱を過信しないことが大切である．

2.3.5　梱包容器

　輸送時の資料は，展示室や収蔵庫にあるときとまったく異なる環境下に置かれる．後の章で述べるように，交通機関が起こす振動や予測しない衝撃などのほかに，特に航空機による輸送では温度や湿度の大きな変化が起きやすい．図 2.10 に染織品をアメリカまで空輸したときの梱包容器内の温湿度変化を示した[18]．このときは，梱包した染織品を国立歴史民俗博物館から成田空港まで美術品専用車で成田空港まで運び，空港内の倉庫に 24 時間置いた後，航空機に積み込んで，ワシントン・ダレス空港まで空輸し，再び車でノースカロライナ美術館に搬送している．その間の温度と湿度の変化をみると，両者が同じ動きをしている．空気中の水分量が一定なら温度と相対湿度は逆の動きをするはずで，室内や展示ケースの中の温湿度記録ではそのようになっているのが普通である．梱包容器の中の温湿度変化が異なるのは，容器内に紙や木材など水分を吸放出する材料が大量にあるためである．トムソンらは，空気の容積に対して木材の分量が一定量（空気 100 L あたり 1 kg）を超えると，温度と相対湿度が同じ向きに変化することを示

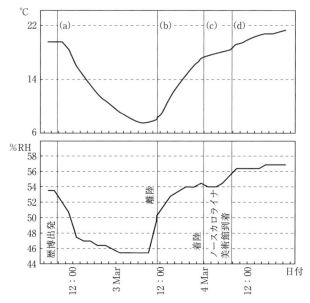

図 2.10 輸送時の梱包容器中の温湿度変化[18]

した．また，その際の湿度の変化（ΔH）と温度の変化（ΔT）の割合が，

$$\Delta H = 0.39 \Delta T$$

となるとしている[19]．

　何も入れない空の容器を，30℃から0℃の室内に移動し，再度戻したときの容器内の温度と湿度の変化を測定すると，温度と相対湿度は反対の動きをしている．しかしその湿度変化を詳しくみると，温度の下がり始めに相対湿度はいったん減少し，温度の上がり際にもわずかな相対湿度の上昇ピークがみられる（図2.11）．これは低温の部屋に入れると容器内壁面に結露し，空気中の水分量が減少して容器中央部の湿度が低下したためで，結露がおさまった後は空気中の水分量が変化しないので，温度の低下とともに相対湿度が上昇したと解釈できる．また高温の部屋に移動したときは，壁面に結露していた水が温められて蒸発して容器内の相対湿度が上昇し，結露がすべてなくなった後は温度の上昇とともに相対湿度は低下している（図2.11）．

　厚い断熱材の入った容器で同じような実験をすると，容器内の温度と湿度は同じ動きをする（図2.12）．これは断熱材のために外部からの温度の伝わり方が遅くなり，図2.11の立ち上がりのピークに相当する，断熱材からの水分の吸着や

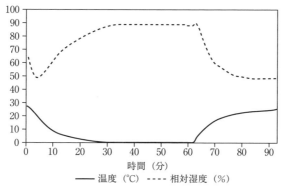

図 2.11　空の容器中の温湿度変化

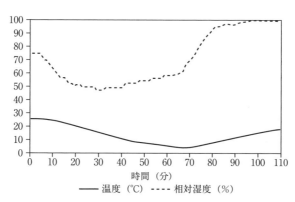

図 2.12　断熱材の入った容器中の温湿度変化

放出が長い時間起きているためである.

　以上のように梱包容器では内部の材料からの水分の吸放出が大きいため，普通の空間とは異なった温度と湿度の動きをする．そのような空間での湿度調節はどのように考えたらよいのだろうか．図 2.10 で航空輸送中の温度は 10℃ 以上，相対湿度も 10% 以上と大きく変化し，資料に大きなストレスがかかったように考えられる．しかし，資料が温湿度変化によって伸縮するのはその含水率が変わるからで，含水率が変わらなければ大きな伸び縮みは起きない．絹の含水率を温度と湿度に対してプロットしたのが図 2.13 で，これに図 2.10 の航空輸送中に起きた b 点から c 点への温度と湿度の変化を重ねてみると，絹の含水率はほとんど変化しなかったことになる．含水率曲線は温度によっても変化するので，もし中の

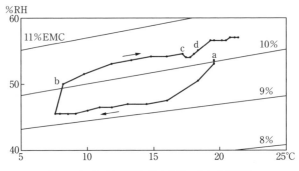

図 2.13 温度と湿度に対する絹の含水率変化[20]

相対湿度を一定に保っていても，含水量は低下したことが図 2.13 でわかる．

このように梱包容器においては，調湿剤を大量に入れて中の湿度を一定に保てば資料によい，とは必ずしもいえない．むしろ容器の断熱を高めて温度変化を少なくしたうえで，資料の周りの空間をできるだけ少なくし，資料からの水分の出入りが小さくなるようにして，資料の含水率を変えないようにする方がよい[14]．このほか，航空機内の気圧は地上の 70～80% まで低下するので，容器にわずかな隙間があると周囲から乾いて冷たい空気が出入りするから，容器の密閉度も重要である．湿度調節剤の使用は，外部からの空気が梱包容器内へ出入りすることに備えたものであると考えることができる．

2.4 湿度測定

2.4.1 湿度測定の原理

湿度によって変化する物理的性質を利用して湿度測定を行うが，そのときにどんな物理的性質を利用するかによっていろいろな湿度測定機器がある．美術館，博物館で用いられているさまざまな湿度計を，測定に用いる物理的性質によって分けると，次のようになる．

(1) 伸縮を利用して測定するもの（毛髪式湿度計やナイロン湿度計）
　　水分の吸放出により毛髪やナイロンが伸び縮みする．その変化を利用して湿度（相対湿度）を測定する．

(2) 気化熱を利用して測定するもの（簡易式温湿度計や通風乾湿球湿度計）
　飽和水蒸気圧と水蒸気圧の差に比例して水が蒸発し，気化熱で温度が下がることを用いて，相対湿度を測定する．
(3) 電気的特性の変化を利用して測定するもの（電気抵抗式湿度計など）
　高分子膜や金属酸化物の電気抵抗や容量が含水率によって変化することを利用して，相対湿度を測定する．
(4) 化学的特性の変化を利用して測定するもの（示湿紙）
　相対湿度によって色が変化する塩化コバルトなどを利用して，相対湿度を測定する．

　このほか，一定体積の空気の中に含まれている水蒸気を吸湿剤に吸着させ，その重さの増加によって水蒸気量を直接測定して，絶対湿度を求める絶対湿度計もあるが，博物館・美術館では用いられていない．

2.4.2　湿度測定時の注意

　湿度の変化は遅れが大きく湿度が変動している部屋では場所によってかなり違うので，環境を知りたい資料の近くで測定する必要がある．また湿度計は周囲の湿度と平衡になるまで時間がかかることが多く，十分時間をかけて（5～10分程度）測定する．温度の場合と同様に，測定時にセンサーの部分を手で触ったり息を吹きかけたりして，影響を与えてはならない．温度が変わると湿度も変わるから，乾湿球計で湿度を測定するときは，アルコールだまりや水銀だまりの近くを持たないようにする．

　測定機器によっては，定められた測定の方法があるので，それに従わなくてはならない．例えばアスマン式通風乾湿球湿度計は，乾球と湿球に風速 2.5 m/秒以上の風を当てて，その温度差から相対湿度を計算するので，電池がなくなって風が弱くなり風速 2.5 m/秒以下のときに乾球と湿球の温度を読みとると，正しい温度と湿度が得られない[21]．反対に通風しない簡易式温湿度計では，風があると正確な値が得られないので，無風状態のときに指示値を読みとる．

　このほか，測定のために測定対象の環境を変えてはならない．例えば狭い展示ケースの中の温湿度を測るときに，アスマン式通風乾湿球湿度計を使うと，乾湿球計から蒸発する水分が展示ケースの中の相対湿度を変化させてしまう恐れがあるので，電気式温湿度計を用いなければならない．また熱を発生する露点計など

も狭い空間で使用することはできない．

以上の点に十分注意して測定を行っても，湿度の測定は空気の動きなどによって不正確になりやすく，その精度は高々±2% で，小数点以下まで目盛を読んでも無駄である．

2.4.3 湿度計の較正

湿度測定機器は温度の測定機器などとくらべて狂いを生じやすく，しばしば10% 以上の大きな測定誤差が出ることがある．例えばアスマン式通風乾湿球湿度計は，ガーゼを適宜交換しないと誤った値を出しやすいし，毛髪湿度計は湿度の大きく異なる場所に持ち込んで用いると狂いが大きくなる．

正しい測定値を得るためには，使用する前に湿度測定機器の較正を行わなければならない．このための簡単な方法として，塩類の飽和水溶液による湿度定点を用いる方法がある（表2.5）．この方法では，塩類の飽和水溶液と平衡した気体の水蒸気分圧（すなわち湿度）が一定であることを用いる．表2.5にあげた塩類をデシケータに入れて飽和水溶液を作り，ふたをしておくとデシケータ内は表に示した相対湿度になる．デシケータのゴム栓に穴をあけて，そこから較正したい電気式湿度センサーを中に入れることによって簡単に湿度計の較正ができる．湿度定点を用いて補正できないアスマン式通風乾湿球湿度計や毛髪湿度計は，あらかじめ較正した電気式湿度計を用いて較正する．

較正時の注意としては，デシケータのふたを開けると湿度が大きく変化してしまい，表2.5の値になるまで1日近くかかるので，湿度計の挿入はふたや横の穴から手早く行う．ただし誤って塩類がセンサーに付着すると，センサーが使用で

表 2.5 塩類の飽和水溶液を用いた湿度定点[2, 21)] [%RH]

塩の種類	温度 [°C]					
	0	5	10	15	20	30
KNO_3	96	96	96	95	95	92
KCl	89	88	87	86	85	84
$NaCl$	76	76	76	76	75	75
$Mg(NO_3)_2 \cdot 6H_2O$	60	59	57	56	54	51
$K_2CO_3 \cdot 2H_2O$	43	43	43	43	43	43
$MgCl_2 \cdot 6H_2O$	34	34	33	33	33	32
$LiCl$	11	11	11	11	11	11

きなくなるので注意する．またデシケータ内で温度むらがあると正しい湿度にならないので，デシケータはできるだけ温度変化の少ない場所において較正を行う．

測定機器の較正も含めて，測定時の注意をまとめると次の通りである．
① 測定対象の問題，測定器の誤差のため，湿度の測定は不正確になりやすいので，可能なら空気を攪拌した方が正しい値が測定できる．ただし精度は高々±2％程度であるので，小数点以下を読んでも意味はない．
② 測定は湿度計が周囲の湿度と平衡になるまで待つ（5～10分程度）．
③ 狭い空間の中では，水を用いる測定機器や熱を発生する測定器を用いない．
④ 塩類の飽和水溶液等を用いて，数ヶ月に一度は測定機器の較正を行う．

2.4.4 各種の湿度計とその特徴
a. 乾湿球湿度計
乾湿計ともいう．同形同大の温度計を2本並べ，一方の感温部をガーゼで包んできれいな水で湿らせたものである．感温部の湿らせた方を湿球，他方を乾球という．湿球は水の蒸発による気化熱のために乾球の示す気温より低い温度を示し，その温度差から相対湿度を計算する．湿球と乾球の示す温度差は水の蒸発量に依存し，水の蒸発量は空気中の水蒸気圧に依存する．このため，湿球，乾球両方の示度を読み取り，乾湿計の実験式を用いて水蒸気圧，相対湿度を求めることができる．簡易式乾湿球湿度計は無風時に測定するのが原則であるが，湿球の周りの風速が変化すると蒸発量も変化して，湿度が同じでも湿球の示度は安定せずよい測定ができない．そこでアスマン式通風乾湿球湿度計では，乾球と湿球の周りに一定の速さの風を当てて測定するようになっている．

b. アスマン式通風乾湿球湿度計
乾球と湿球に風(風速2.5 m/秒以上)を当てて測定する乾湿球湿度計である(写真2.1)．常温でよい精度が得られ携帯できて，野外の測定に便利である．1892年にドイツの気象学者 R. アスマン（Aβmann）が発明した．測定誤差を生じる原因としては，湿球に巻いたガーゼの汚れ，ガーゼの巻き方の不良などが多いが，いずれも正しい値より高い値を示すことになるので，較正した電気湿度計などとときどき比較して，高目の指示値を示すようなら，新しいきれいなガーゼで正しく湿球を巻き直したり，新しいガーゼを装着し直したりする必要がある．

写真 2.1　アスマン式通風乾湿球湿度計

c. 毛髪湿度計

毛髪が吸湿，脱湿によって伸び縮みする性質を利用し，18世紀末にスイスの物理学者 H. B. de ソシュール（Saussure）によって発明された．毛髪には，吸湿・脱湿でのヒステリシスが最大 10% RH 程度あるうえ，温度が高いほど毛髪の伸びが少ないなど，測定器としての精度はよくない．また，湿度の変化に対して指示値が安定するまで 10 分以上かかるため，頻繁に湿度が変動する場所で細かい変化をみるための測定には向いていない．このような欠点をもちながらも，毛髪湿度計は構造が簡単で，自記記録ができるなどいろいろな長所をもっている

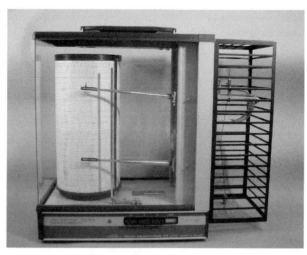

写真 2.2　自記温湿度記録計
　　　　　記録紙の上側にはバイメタル温度計による温度が，
　　　　　下側には毛髪湿度計による湿度が記録される．

ので広く使われている（写真2.2）．

　自記毛髪湿度計を用いて信頼性の高いデータを得るには，次のような点に気をつける必要がある．まず正しく較正された電気式湿度計などで，2～3ヶ月毎に指針を調整しながら使用する．温湿度の変動が極端に大きい部屋や，あまり高湿度・低湿度の部屋，埃の多い場所の使用は避ける．このほか，毛髪に異常な張力をかけると狂いを生じるので，持ち運ぶときは必ずペンを固定するようにする．このような点に気をつければ，指示値に狂いが多少生じても湿度変動の相対的なようすは正しく示しているので，室内の湿度変化を点検し，記録するのに自記毛髪湿度計を利用することができる．

d. 露点計

　露点を測定する温度計をいうが，露点と気温がわかれば湿度が計算できることから，湿度の測定のために使用される．おもなものとしては冷却式露点計と塩化リチウム露点計がある．冷却式露点計は金属鏡の温度を下げ，その表面に露または霜を結ばせることによって露点を測定するものである．塩化リチウム露点計は，塩化リチウム飽和水溶液の水蒸気圧が温度によって変化することを利用する．露点計の感湿部は温度計を収めた金属管をグラスウールで覆い，その上に1対の加熱用電極線を巻き，塩化リチウムの水溶液を塗布している．電極線に交流電圧を加えるとジュール熱が発生して感湿部の温度が上がり，塩化リチウム水溶液の水蒸気圧が周りの水蒸気圧と等しくなる温度で平衡するので，その温度から露点が求まる．空調などの自動制御によく利用されている．素子を加熱するので展示ケースなどの狭い空間では使えない．通常3ヶ月に1回ぐらい，塩化リチウム水溶液の塗布を行うことが望ましいとされている．

e. 電気式湿度計

　感湿部が周囲の相対湿度に応じて吸湿・脱湿して含水率が変わり，電気抵抗・容量などが変化することを利用する．感湿材料としては，半導体膜，酸化被膜，セラミックなど種々の無機系金属酸化物を用いたものと，高分子膜，塩化リチウムを含浸させた膜片など高分子系材料を電極の付いた絶縁材の基板上に付着させたものに大きく分けることができる．また，検出の方法によっても感湿部の抵抗を測定するものと，容量を測定するものとに分けることができる．いずれの素子を用いた場合でも，周囲の湿度変化に追従して数分で指示値は安定するが，一般に高い湿度から低い湿度に変化させた場合（脱湿過程）の方が，安定するまでに

写真 2.3 電気式湿度計

写真 2.4 温湿度記録用データロガー

時間を要する．また素子によっては，結露を起こすような場所では用いることができないものもある．感湿部が小さいので狭い空間の湿度測定ができ，得られた温度と湿度のデジタルデータをメモリーに記録させて（データロガー），後からコンピュータで統計処理できるなどの利点をもつので，現在，博物館・美術館では最も広く使用されている（写真2.3，写真2.4）．

f. 示 湿 紙

相対湿度によって色が変化する塩化コバルトを含んだ塗料を紙に塗布してある（写真2.5）．安価で狭い空間の湿度を直示できるが精度が悪い．二次的な測定方法である．普通の湿度計を入れることができないほど薄くて小さな密閉ケース内の湿度が，長期間変化しないかどうか調べる補助的な方法として用いることができる．

写真 2.5 液晶温度計と示湿紙

引　用　文　献

1) 尾関昌幸，大江礼三郎，三浦定俊：紙の劣化速度に関する検討，紙パルプ技術協会誌，**36**，233-242，1985．
2) 高分子学会高分子と吸湿委員会編：材料と水分ハンドブック，共立出版，p.729，1968．
3) 斎藤平蔵：建物と湿気・特に宝物庫の湿気について，古文化財の科学，**1**，49-54，1951．
4) S. Michaliski：Guidelines for Humidity and Temperatures in Canadian Archives, Canadian Conservation Institute (CCI), 2000.
5) G. de Guichen：Climate in Museums, ICCROM, 1988.
6) 本田光子：曝涼・曝書の歴史，博物館資料保存論，放送大学教育振興会，144-156，2012．
7) 宮野秋彦，半澤重信：倉の収蔵環境に関する研究（第1報），日本建築学会東海支部研究報告，229-232，1971．
8) 斎藤平蔵：防湿計画，改訂増補 建築学大系22 室内環境計画，彰国社，pp.566-608，1969．
9) 成瀬正和：正倉院北倉の温湿度環境，文化財保存修復学会誌，**46**，66-75，2002．
10) 文化財公開施設の計画に関する指針．文化庁文化財保護部美術工芸課監修：文化財保護行政ハンドブック，ぎょうせい，pp.192-208，1998．
http://bunka.go.jp/seisaku/bunkazai/hokoku/shisetsu_shishin.html（参照2016年8月22日）
11) 三浦定俊：博物館・美術館における文化財の保存，建築設備士，**9**，7-13，2001．
12) 三浦定俊：保存環境の評価と制御—特に温湿度について，計測と制御，**28**，668-673，1989．
13) 登石健三，見城敏子：密閉梱包の湿度調節，古文化財の科学，**12**，28-36，1956．
14) 神庭信幸：梱包ケース，保存箱，展示ケースにおける小空間内の相対湿度の特性，文化財保存修復学会誌，**44**，80-90，2000．
15) G. Thomson：Stabilization of RH in exhibition cases：hygrometric half-time, *Stud. Conserv.*, **22**, 85-102, 1977.
16) 三浦定俊：ゼオライトを入れたアクリル箱内の温湿度分布，保存科学，**17**，11-15，1978．
17) 三浦定俊：保存箱内の温湿度変化．東京国立文化財研究所編：表具の科学，東京国立文化

財研究所, pp. 125-136, 1977.
18) 神庭信幸:輸送中に生じる梱包ケース内の温湿度変化, 古文化財の科学, **34**, 31-37, 1989.
19) G. Thomson:Relative humidity-variation with temperature in a case containing wood, *Stud. Conserv.*, **9**, 153-169, 1964.
20) 神庭信幸:文化財の輸送, 展示, 収蔵のための小空間における湿度・水分の変化に関する保存科学的研究, 平成8年度東京芸術大学博士論文(論博美第4号), 1997.
21) 工業計測技術体系編集委員会編:湿度水分測定, 工業技術体系10, 日刊工業新聞社, 1965.

3
光

3.1 光 と 波 長

　光（light）は狭義には可視光を意味するが，物理学では広く電磁波をさす．電磁波は波長（特に真空中の波長）により分類され，波長の短いものから順に，ガンマ線，エックス線，紫外線，可視光，赤外線，マイクロ波，ラジオ波と呼ばれている．光は波としての性質と粒子としての性質をもち，波長の短い光ほどエネルギーが大きいので，赤外線より可視光線，可視光線より紫外線の方がエネルギーは大きい．日本工業規格（JIS Z8120）によれば，可視光はおおよそ 400 nm から 800 nm までのごく狭い範囲の波長の電磁波をさし，このなかで波長が長くなるに従い，人間の目には紫，藍，青，緑，黄，橙，赤の色に見える．ただし見える波長範囲や色の感覚は人種や個人による差が大きい．

　人間の目に見える光の明るさは，同じ強度の光であっても波長によって異なる．例えば太陽光を分光したスペクトルを見ると，スペクトルの黄の部分は明るく感じ，赤や青の部分は暗く感ずる．これは波長によって人間の目の感度が違うからである．人間の目は波長 555 nm の放射を最も明るく感じ，これより波長が長くあるいは短くなるに従って，同じ強度であっても暗く感じるようになる．可視光よりも長い部分は赤外線，逆に短い部分は紫外線で，いずれも目に光として感じない．波長 555 nm に対する明るさ感を基準に，これと同じエネルギーをもつ他の波長の放射の明るさ感を正規化したものが，後で述べる比視感度である[1]．

3.2 光 と 色

3.2.1 光 と 色

私たちの目に見える物体の色には，光源，物体，人間の目の三要素がかかわっている（図 3.1）．

　　人間の目に見える色＝光源からの放射光のスペクトル×
　　　　物体による吸収・反射光のスペクトル×人間の目による知覚

光源の色を光源色と呼び，物体の吸収・反射によって生じる色を物体色と呼ぶ．トンネルなどの照明に用いられる低圧ナトリウムランプは，ナトリウム蒸気中の放電によって発生する D 線と呼ばれる 2 本の接近した線スペクトル放射（波長 589 nm と 589.6 nm）を利用して，橙色の単色光を放射している．D 線は比視感度が最高になる波長（555 nm）に近いため，低圧ナトリウムランプからの光は目に明るく見えて発光の効率は高いが，単色光なのですべての物体は同じ色に見え，ただ明るさの違いしかわからない．これに対して，あらゆる可視域の光を含む白色光で物体を照らすと，一部の光が物体表面で吸収され，残りの波長の

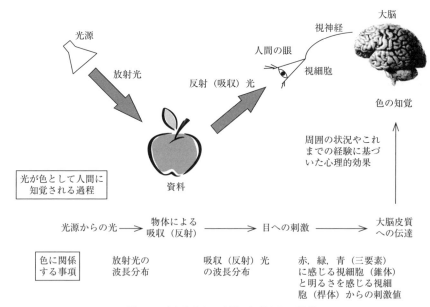

図 3.1　光が色として人間に知覚される過程

光が反射するので，物体の色を知覚することができる．もし物体からすべての光が反射（乱反射）されれば物体は白色に見え，逆にすべての光が吸収されれば黒色に見える．

物体によって光が吸収・反射されても，「光そのものには色はついていない」（ニュートン）から，人間の目によって知覚されない限り色は見えない．色の知覚を生理学的にみると，光（可視光線）が網膜を刺激し，網膜の視細胞がこの光を吸収する．そして視神経に生じた電気的パルスが大脳へ送られ，色を知覚する大脳の細胞が興奮し，色を感ずる．色に対する人間の知覚は鋭敏で，光の波長でわずか 2 nm の差があれば色の違いを感じるといわれている．

網膜で色を感じるのは，網膜にある 2 種類の視細胞，錐体と桿体のうち錐体のほうである．錐体は網膜の中心部に分布し，明るいところで感じる．そのため明るいところでは色を見やすいが，暗いと色が見えにくい．また錐体は赤，緑，紫の三要素に感じて色を知覚する（ヤング-ヘルムホルツの三要素説）[1]ので，人間の目には同じ色に見えても異なる波長分布をもつことがある．例えば白熱灯や蛍光灯の下で見たときには同じ青や紫などに見えた二つの色が，太陽光の下で見るとまったく違う色であることがある．これをメタメリズム（metamerism）と呼び，光の物理的性質は違っているのに，色だけが等しくなることをメタメリックマッチ（条件等色）と呼ぶ．

大脳へ電気的パルスとして伝わった刺激を色として知覚するときには，さらに心理的な作用がはたらく．例えば，同じ色でも，面積が大きくなるにつれて彩度があがって見え，同時に明度も高くなって見える面積効果や，並んで配色されている二つの色彩が相互に影響し，強調して見える同時対比の現象，あるいはある色をじっと見たあとに白い壁などへ目を移すと，そこにその補色が見えてくる補色残像などの現象がそうである．このように，人の色に対する感度は経験や心理的要素によっても個人差が生じるので，印象や記憶で物体の色を正確に議論することはできない．

3.2.2 色の決め方

色の知覚は心理的要素によって異なるだけでなく，生理的個人差もある．たとえば眼球の水晶体は年をとるにつれて黄色く濁ってくるので，見える色が黄みがかってくる．そこで色を正しく測定するには，用いる光源や受光器，測り方を

標準化することが必要である．

　しかしその前にまず，色をどのようにして決めるか，基準を定めなくてはならない．そこで色の三つの属性，色相，あざやかさ，明るさに着目して色を表現した方法がマンセル表色系である（図3.2）．この方法はアメリカの画家A.H.マンセル（Munsell）が1915年に提唱した．上下方向に色の明るさ（明度，value）をとって，明るい色を上に，暗い色を下にする．この中心軸を回る円周方向に色相（hue）を，赤，橙，黄，黄緑，緑，青緑（シアン），青，紫，赤紫（マゼンタ）と時計回りに一周してまた赤に戻るように配置する．あざやかさ（彩度，chroma）は中心の軸から外周に向かってとり，外周に近い色ほど彩度が高くなる．あらかじめ用意した標準色票と物体の色を比較して最も近い色票を選んで，たとえばオレンジの色相，明度，彩度（HVC）は5YR4/8であるというように決定する．

　色相，あざやかさ，明るさの属性以外の方法でも色を決めることができる．よく知られているようにどんな色も赤，緑，青の三原色の混合で表すことができるが，色を表すには必ずしも赤，緑，青の組み合わせである必要はなく，互いに独立な三つの色であればよい．国際照明委員会（CIE）勧告のXYZ表色系では，

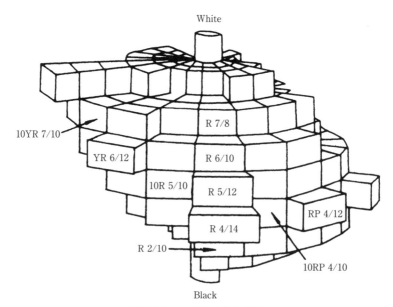

図 3.2　マンセルの色立体[1]

抽象的な色空間の中で選んだ互いに独立な虚色（原刺激）X，Y，Zを用いて，X，Y，Zの三次元空間の中で，すべての色を表す．特に，XとZの原刺激は明るさをもたない実際にはない色で，明るさの情報はYだけがもっている．この方法を用いれば，物体から返ってくる光の分光スペクトルがわかれば，それにX，Y，Zの重み付けをすることによって，物体の色をXYZ表色系の中で表すことができる．あるいはまた3個の光センサを用意し，それぞれに適当なフィルターをかけてX，Y，Zと同じ分光感度をもつようにしておけば，三刺激値を直読できる．

　X，Y，Zを用いると色味（色相と彩度）と明るさを表すことができるが，色味だけがわかればよくて，明るさの情報は不要な場合も多い．そのためにX：Y：Z＝x：y：zで，かつ$x+y+z=1$となるようにx, y, zを決めて，x-yの直交座標で色を表したものをxy色度図と呼び，広く使われている（図3.3）．

　ところで物体の色は照明する光源によって変化するから，物体色の測定には一般に国際照明委員会（CIE）が規定した標準光源を用いる．これには白熱電球を代表する標準光源A（色温度2856 Kで点灯した白熱電球），これに特定のフィルターをかけて直射太陽光を代表させた標準光源B（色温度約4870 K），同様に別の特定のフィルターをかけて昼光を代表させた標準光源C（色温度約6770 K）

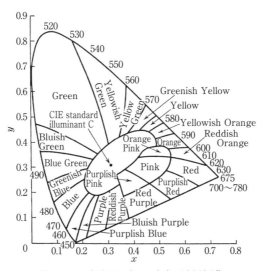

図 3.3　xy色度図に表した色名（光源色）[2]

がある．分光スペクトルを測定するための標準光源としては，プランクの放射則に従う黒体がもっとも基本的であるが，可視域では白熱電球を代わりに用いることが多い．

3.2.3 色温度

光源から出る光の色も物体色と同じように測色計で測って，三刺激値を求めることができるが，光源から放射される光が赤みの強い光であるか，青みの強い光であるか光色を決める場合には，色温度が一般に用いられる．色温度（color temperature）とは，ある光源から放射（熱放射）される光の色と等しい熱放射をする黒体の温度のことで，絶対温度（K）で表す．光源自身の温度をさしているわけではない．

ここで黒体とは，プランクの放射則に従って光を放射する理想的な物体で，実験には黒鉛で作った炉を用いるが，手近には白熱灯からの光が黒体からの放射光に近い．また物体の温度によってその色が変化することは，例えば木炭を火に入れたときに最初は温度が低くて赤っぽい色をしているが，温度が上がってくるにつれて赤から黄色に変わり，やがて白っぽくなることから理解できる．つまり，温度が高い黒体から放射される光ほど明るさが強く，また波長は短いほうへ偏っていく（図 1.4 参照）．色温度が 1000 K ならその色は波長が 610 nm に近い橙色で，5000 K ならほとんど真っ白の色，10000 K なら少し青みを帯びた白色である．また色温度が高くなるにつれて青みが強くなるので，人間に与える印象としては涼しい色となる（表 3.1, 3.2）．

プランクの放射則　　$L(\lambda, T) = \dfrac{2c_1}{\lambda^5} \times \dfrac{1}{\exp(c_2/\lambda T) - 1}$

ただし $L(\lambda, T)$：分光放射強度，λ：波長，T：絶対温度，c_1, c_2：定数

表 3.1　光色（color appearance）の分類

区分	光色の印象	色温度
暖	暖かい	3300 K 未満
中	中間	3300〜5300 K
涼	涼しい	5300 K 以上

表 3.2 各種光源の色温度

光源		色温度
自然光	曇天の太陽光	6500 K
	満月	4000 K
人工光	ろうそく	1900 K
	白熱電球	2700 K
	ハロゲンランプ	3100 K
	蛍光灯（電球色，記号 L）	2600〜3150 K
	（温白色，記号 WW）	3200〜3700 K
	（白色，記号 W）	3900〜4500 K
	（昼白色，記号 N）	4600〜5400 K
	（昼光色，記号 D）	5700〜7100 K

3.2.4 演色性

店内で見て気に入って選んだ洋服の色が，太陽光の下で見るとまったく違って見えるといったことが，昔はよくあった．昔は蛍光灯のための適当な赤色の蛍光物質がなく，光源から出る光と太陽光のスペクトルが大きく異なっていたからである．物体色を太陽光の下で見るときと同じように，どれだけ自然に見せられるかという光源の特性を演色性（color rendering property）と呼び，光源を評価するために用いられる指数を演色評価数（color rendering index）と呼ぶ．平均演色評価数（Ra：average of rendering index）は，8色の色票を用いて，光源が標準光源にどれだけ近い波長分布の光を出すかを示す値で，最高値の 100 のときに標準光源からの光に等しいとする．自然な色で作品を鑑賞しなければならない美術館・博物館では，平均演色評価数の高い光源を採用している（表 3.3）．ただしこの平均演色評価数は，蛍光灯などから出る光の評価を念頭において試験色票を定めたものであるので，後述するようにこれまでの光源と異なるスペクト

表 3.3 演色性の区分

段階	平均演色評価数 Ra の範囲	使用場所の例	
		推奨	許容
1A	90≦Ra	色合わせ，臨床治療，画廊	
1B	80≦Ra＜90	家庭，ホテル，レストラン，店舗，オフィス，学校，病院，印刷，ペイントおよび織物工場，要求の厳しい工場作業	
2	60≦Ra＜80	工場作業	オフィス，学校
3	40≦Ra＜60	ラフな作業	工場作業
4	10≦Ra＜40		通路（廊下ではない），物置

ル分布をもつ白色 LED が普及した現在，国際照明委員会（CIE）で演色評価方法の見直しが議論されている．

3.3 光の明るさ

　光の強度と人間の目に感じる光の明るさとは一致しない．光の強度は単位面積あたりに受ける光のエネルギーの大きさを表す物理量であり，単位には W/m^2 または $J/m^2 \cdot s$ を用いる．これに対して，光の明るさは「人間が感じる」光のエネルギーの大きさを表していて，人間の比視感度に基づいている．そのため当然，可視光だけが測定の対象になり，人間の目には感じない紫外線や赤外線は測定の対象にならない．光源の明るさを表すカンデラや光に照らされた面の明るさを表すルクスは，比視感度に基づいた量（心理物理量）である．

3.3.1 カンデラ

　光源から出る光の強さ（光度）を表す量をカンデラ（candela）と呼び，光源を頂点とした単位立体角（1 ステラジアン, sr）の錐体の中に放出される毎秒あたりの光量に相当する．単位記号は cd である．1979 年に改定された新しい定義では，「周波数 540×10^{12} Hz（ヘルツ）の単色放射の放射強度が $1/683$ W/sr であるとき，その光度が 1 cd である」と定められている[3]．これと異なる周波数の放射に対しては国際的に規約された標準比視感度，すなわち標準的な目のスペクトル感度を用いてカンデラの大きさが定められる．

　日常用いられる光源の光度の概略値は，反射笠をつけないときに 100 W の白熱電球で約 100 cd，40 W 白色蛍光ランプでは管の長さ方向に直角な方向で約 300 cd 程度である．

3.3.2 ルーメン

　毎秒あたりの光量（光束）の単位をルーメン（lumen）と呼び，すべての方向に均等な光度 1 cd をもつ光源が単位立体角内に放出する光束を 1 ルーメン（lm）とする．一般照明用光源がすべての方向に放出する全光束は，100 W 二重コイル白熱電球で約 1600 lm，直管形 20 W 白色蛍光ランプで約 1200 lm である．反射

笠やレンズで光の向きを変えて照明する場合，光源から放出される全光束は変わらないが，照射する広さによって光束の密度（カンデラ）が変わり，照らされる面の照度が変化する．LEDのように指向性をもった光源は，光源からの光を拡散させて用いるので，照射する範囲によって照度が変化する．そのためLEDを博物館・美術館の照明に使用する際には，最初から拡散光を放射する白熱電球や蛍光ランプとは異なった注意が必要である．

3.3.3 ルクス

照度の単位をルクス（lux）と呼び，面積$1\,\mathrm{m}^2$の面に$1\,\mathrm{lm}$の光束が均等に入射したときの照度を1ルクス（lx）とする．光度$1\,\mathrm{cd}$の点光源から$1\,\mathrm{m}$の距離で光の方向に垂直な面の照度に相当する．

3.3.4 標準比視感度

人間の目は可視光だけに感度をもつが，その範囲の光に対しても波長によって感度が異なり，明るい所では555 nmの光を最も強く感じる．700 nmや400 nmの光は強いエネルギーをもっていても明るいと感じない．光に対する視感覚の分光感度を視感度と呼び，ピーク値を1として他の波長に対する視感度を正規化したものを，標準比視感度（relative luminous efficiency）と呼ぶ．

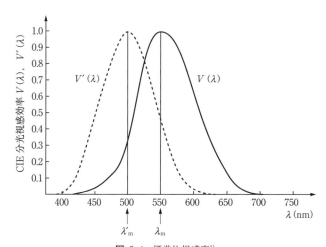

図 3.4 標準比視感度[1]
$V(\lambda)$は明所視標準比視感度，$V'(\lambda)$は暗所視標準比視感度

比視感度は人間にとっての光の明るさを定める際に重要である．例えばある光の分光エネルギーが求まると，その値に比視感度をかけて，波長で積分すれば人間にとっての光の明るさを求めることができる．比視感度は人によって異なるが，多くの人の平均的な値として，国際照明委員会（CIE）が定めた標準値が標準比視感度である．明所での標準比視感度は555 nm にピークをもつ山の形をしている（図3.4）．また標準比視感度をもつ架空の人物を標準観測者と呼ぶ．

3.3.5 測 光 器

光の明るさを測る装置を測光器という．光度を測るものなら光度計，照度なら照度計，輝度なら輝度計である．光の明るさは人間の比視感度をもとにした量であるから，これらの測光器の分光感度は標準比視感度と同じでなければならない．フィルターと光センサの分光感度を組み合わせることによって，受光器が標準比視感度と同じ特性をもつようにしたものがフィルター式測光器で，光を受けたときの受光器の出力がそのまま測光量となっている．博物館・美術館でよく用いられる小型の測光器はほとんどがフィルター式測光器である（写真3.1）．

照度計は，面が受ける光束の密度を測る測定器であるから，受光面を光の来るほうに向けて使用する．また資料の置かれている1点だけを測定するのではなく，観客の視野に入る資料背面の壁や床の上下，左右を測定して，全体の照度分布が均斉かどうかを確認する．

このほか，光の明るさを測る装置ではないが，光源から出ている光の中に含まれる紫外線の強さを測るために紫外線強度計が用いられる（写真3.1）．この装置は照度計などでは測れない紫外線が照明光の中にどれだけ含まれているか（単

写真 3.1 照度計と紫外線強度計

位 μW/cm²) を測定するもので，特に外光を取り入れている施設では，資料の退色を防ぐために必要な測定器である．

3.4 光 と 劣 化

3.4.1 光と劣化

物体は可視光を当てることによって初めて人間の目に見える．しかし，物体は光を吸収するから，分子や原子のレベルでみれば，人間が見ることによって常に傷む可能性がある．つまり「見ると，資料は必ず傷む」のであり，それを避けるためには不必要な光の照射は避けなければならない．光が資料にあたえるおもな劣化は，紫外線による退色と赤外線による資料表面の温度上昇・乾燥である．

なぜ紫外線によって資料が退色するか考えてみる．はじめに述べたように，光は波としての性質と粒子としての性質をもつ．物質と相互作用するときに，その波長を λ，光速度を c とすると

$$E = \frac{hc}{\lambda} \quad (h \text{ はプランク定数})$$

のエネルギーをもつ粒子（フォトン，光子）としてふるまう．

光速度 c は物理学における重要な基本定数の一つで，O. レーメル（Römen）や J. ブラッドリー（Bradley）が地球の公転を利用して星からくる光の速さを求めたのを先駆けとして，19 世紀には A. H. L. フィゾー（Fizeau）の回転歯車を利用した測定が行われ，さらに A. A. マイケルソン（Michelson）による精密測定によって光速度の不変性が確かめられた．現在では真空中の光速度の値として，

$$c_0 = 2.99792458 \times 10^8 \text{ [m/s]}$$

が得られている．またプランク定数として次の値が与えられている．

$$h = 6.626196 \times 10^{-34} \text{ [J·s]}$$

これらの値と

$$1\text{eV}(\text{電子ボルト}) = 1.602 \times 10^{-19} \text{ [J]}$$

という関係を用い，光子のエネルギーを eV，波長を nm（10^{-9} m）で表すことにして上の式を書き直すと，次の式が得られる．

$$E[\text{eV}] = 1.234 \times 10^3 / \lambda(\text{nm})$$

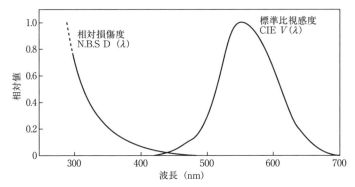
図 3.5 ハリソンの損傷係数と標準比視感度[4]

　この式をもとに紫外線のエネルギーを計算すると，3〜数十 eV となる．一方，分子や結晶で原子どうしが結びついている結合エネルギーは数 eV 程度なので，紫外線のもつエネルギーは，光化学反応によって分子を解離させて化学反応を誘起したり，原子や分子を電離したり，一部の内殻電子を励起したりして染料などの退色を引き起こす．また可視光であっても紫色や青色の光のように波長の短いものは，光子のエネルギーが大きいから退色を引き起こしやすい．

　低品質の紙を用いて，さまざまな波長の光に対する退色を評価したものが「ハリソンの損傷係数」である[4]．それによると比視感度の高い 560 nm の黄色い光に比べて，400 nm の紫色の光は視感度は 2500 分の 1 だが損傷度はおよそ 100 倍の大きさで，目に見えない 360 nm の紫外線の損傷度はさらに大きくて約 200 倍にもなる（図 3.5）．

3.4.2 ブルースケール

　一般に，染織布の太陽光に対する耐光性を測定するとき，ブルースケール（blue wool standard）が標準試料として使用される．ブルースケールは，羊毛平織物を精練漂白後，耐光堅牢度の異なる 8 種類の青色染料を用いて，所定の濃度で染色したもので，1 級から 8 級までの 8 種類の青色染布からなっている．それぞれの染料の日光堅牢度は 1 級が最も低く，8 級が最も高く，各級の関係は等比級数的につくられている．すなわち各級のブルースケールを変退色用グレースケールの 4 号の色差と同程度まで退色（標準退色）させるのに必要な光量は，たとえば 2 級が 1 級の約 2 倍となっている．

伝統的な天然染料のなかには耐光性が7級を越えるものはないといわれている．また，同一染料でも繊維や媒染剤の種類によって耐光性に差が生じるため，マダーは2〜6級と大きく変動し，インジゴも3〜7級と幅がある．アリザリンはほぼ5〜6級に相当する．それ以外の多くのものは1〜3級に属し（図3.6），特に黄色染料と緑色染料は低い[5]．年間の積算照度が約10万 lx・h（＝0.1 Mlx・h）の場合，耐光性が3級前後の新しい染織布の色彩は，最大約10年で肉眼で確認できる程度まで退色する（図3.7）．

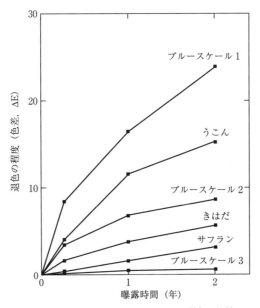

図 3.6 天然染料とブルースケールの退色の比較

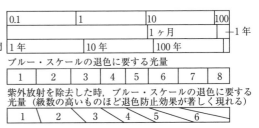

図 3.7 ブルースケールの退色に要する積算照度

3.4.3 照明による退色防止の考え方

これまで述べてきたことを整理すると，資料の退色を防ぐためには次のことが重要である．

a. 目に見えない光は除く

　紫外線除去（退色防止）

　赤外線除去（表面温度の上昇防止）

b. 目に見える光は減らす

　明るさだけでなく，光の総量（積算照度，ルクス×時間）を規制

後に述べるように，蛍光灯は水銀から出る紫外線を用いて蛍光物質を発色させていて，普通の蛍光灯からは 365 nm の紫外線が出ている（図 3.8）．ごくわずかの紫外線であっても，長い時間光を当てれば，資料の退色に及ぼす影響は大きい．そのため博物館・美術館では，蛍光灯を照明に用いるときは必ず紫外線を除去した退色防止型の蛍光灯を使う（図 3.9）．これに対して青色 LED を用いた疑似白色 LED は紫外線を出さないが（図 3.10），高演色白色 LED には紫外線を出しているものもあるので，博物館・美術館で用いるときには紫外線を除去してあるかどうか，使用にあたっては注意が必要である．

赤外線は白熱灯からの光に多く含まれる．白熱灯から出る光の 80% が赤外線（熱線）で，可視光線は約 10% のみである（図 3.11）．特に黒い漆工品などは長時間白熱灯の下に置いておくと表面の温度が上がって乾燥し，ひび割れが広がる

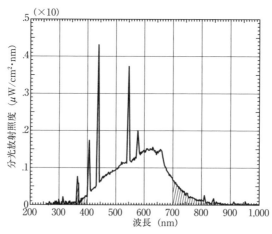

図 3.8　普通の蛍光灯の分光スペクトル

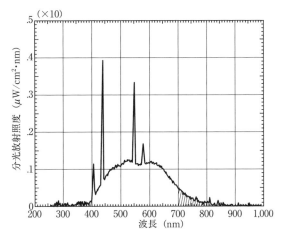

図 3.9 退色防止型の蛍光灯の分光スペクトル

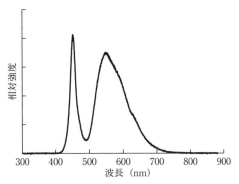

図 3.10 青色 LED を用いた疑似白色 LED の分光スペクトル

おそれがある．森田の測定によると[7]，ハロゲンランプの直下に置いた民俗資料の表面温度は，そうでないものに比べて，展示中に約 4℃ 表面温度が高くなっており，少なくとも 10% RH の湿度差が資料面で生じていると見積もられた．これを防ぐには赤外線を放射しない電球を用いる（図 3.12）．例えば熱線カット型ハロゲンランプと，ランプ背面の反射板に赤外線を透過し可視光だけを反射する選択反射型のダイクロイックミラーを組み合わせた電球では，熱線を約 90% 除去できる．

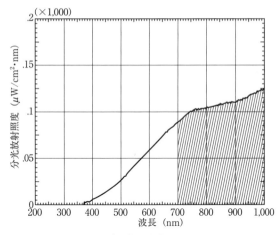

図 3.11　白熱灯の分光スペクトル

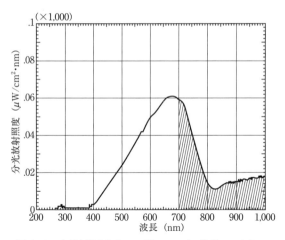

図 3.12　赤外を除去したハロゲンランプの分光スペクトル

3.5　照　　明

3.5.1　展示照明

　展示には一定の明るさの光を当てるので，その結果，資料は時間が経てばいつか退色することは当然のことである．そこで資料の保存と活用の兼ね合いのなかで，目に見えるほどの退色が起きるまでにどのくらいの年数かかるなら許される

かという，年間の許容光量を検討する必要がある．

さきに述べたように伝統的な天然染料の多くは，ブルースケールで1～3級に相当する．ブルースケールの退色と積算照度の関係を表す図3.7によれば，3級以下のブルースケールは紫外線を含まない光であっても，約5M（500万）lx·hの積算照度で目に見える退色を生じる．油絵は数十年ごとに表面のニスが塗り替えられ，日本でも多くの文化財はおおよそ100年ごとには何らかの修理を受けているから，資料が修理を受けるまでの年数をおおざっぱに100年と考えることにすると，1年間に許容される積算照度は

$$5 \mathrm{M} \,[\mathrm{lx \cdot h}] \div 100 \,[年] = 50000 \,[\mathrm{lx \cdot h}]$$

ということになる．国指定文化財に対する文化庁の基準に従って，資料を年間に2ヶ月（60日），1日に8時間展示するとすれば，年間480時間の展示になり，

$$50000 \,[\mathrm{lx \cdot h}] \div 480 \,[\mathrm{h}] \fallingdotseq 100 \,[\mathrm{lx}]$$

が展示照度となる．現在，標準的な値として推奨されている照度は表3.4の通りである．

この表では，光に敏感な資料の推奨照度が50 lxとなっているのに，国指定文化財の取扱要項[8]では照度150 lx以下となっているから，文化庁の示している値は高すぎるようにみえる．しかし表に示した推奨値はいずれも1年を通じた展示

表 3.4　照度の推奨値（lx）

	ICOM（国際博物館会議）(1977)	照明学会（1999）（注）
光に非常に敏感なもの 染織品・衣装・タピストリー・水彩画・日本画・素描・手写本・切手・印刷物・壁紙・染色した皮革品・自然史関係標本	50 できれば低い方がよい （色温度約2900 K）	50 年間積算照度120000 lx·h以下 （1日8時間，年間300日点灯で50×8×300＝120000）
光に比較的敏感なもの 油彩画・テンペラ画・フレスコ画・皮革品・骨・角・象牙・木製品・漆器	150～180 （色温度約4000 K）	150 年間積算照度360000 lx·h以下 （1日8時間，年間300日点灯で150×8×300＝360000）
光に敏感ではないもの 金属・ガラス・陶磁器・宝石・エナメル・ステンドグラス	特に制限なし ただし300 lxを越えた照明を行う必要はほとんどない （色温度約4000～6500 K）	500

（注）　展示エリアにおいては照明は鑑賞者にグレアを与えてはならない
　　　　表中の照度は局部照明で得てもよい
　　　　演色性はいずれも1Aとし，光色は50 lx，150 lxのときに暖または中，500 lxのときに暖，中または涼を用いる

を前提にしていて，年間の積算照度をくらべると，表に示した推奨値は 50 lx のときに 120000 lx·h であるが，国指定文化財の展示日数は年間 60 日以内としているから，年間積算照度は 72000 lx·h と逆に少ない．このことでわかるように，退色を防ぐためには単に照度を下げるだけでなく展示期間の制限も必要で，後に述べるように，資料を長期にわたって出したままにせず，展示替えをこまめに行っていくように計画することが実際的である．

3.5.2 照度と識別能力

ところで博物館・美術館に用いる展示照明は資料の劣化を引き起こさないように気をつけねばならないことはもちろんであるが，観客にとっての見やすさも配慮したものでなければならない．普通の視作業の推奨照度は 500 lx であるが，文字の識別能力は暗くなるほど落ちていき，50 lx 以下になると極端に低下する（図 3.13）．また年齢が高くなるほど識別能力が落ちて，若齢者にくらべてより明るくないと色彩の違いも判別しにくくなる[9]．このため展示室内の照度は，高齢者に対しても展示物が見えやすい範囲で最低の照度に設定すべきである．もし照度を上げて年間の積算照度が表の値を超えるおそれがある場合には，展示期間を短縮することを考えなければならない．このようなときに，先に紹介したブルースケールは，資料に対する照明の影響をわかりやすく示すために利用することができる．

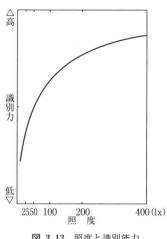

図 3.13 照度と識別能力

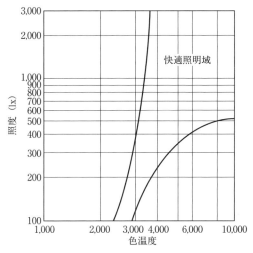

図 3.14 照度と色温度

このほか，青みの強い光は低い照度では人間に不安な印象を与える（図3.14）．そのため照度を低くしたときには色温度の低い暖色の光源の方が好ましいとされている．しかし，光色を変化させると，通常とは資料の見え方が異なって感じられることも多い．これを利用して，色温度の低い光源で金箔下地の絵画をより華やかに見せたり，逆に色温度の高い光源で青磁をより白く輝いて見せたりすることもできる．このように，どのような展示空間を作りたいかを判断し，明るさに合わせて光色を選択することが大切である．

3.5.3 照明計画

ここまで述べたように展示照明では，照明の量（照度）だけでなく，フリッカ（ちらつき），均斉度，輝度分布，演色性，光色，グレア（まぶしさ），陰影など，照明の質についてもいろいろな角度から検討し，いかにして極力低い照度で展示物を視覚的に明るく効果的に感じさせるか，計画することが重要である[10]．

施設全体にかかわる照明計画では，入り口から展示室へ進むにつれて，観客の目が暗さに順応するよう，徐々に照度を落としていく．人間の網膜には光を感じる錐体と桿体があるが，明所では錐体が，暗所では桿体が光覚に関与していて，明るいところから暗所へ移ると，はじめはほとんど何も見えないが，最初は錐体が順応し，次に桿体が順応することによって，ものが見えるようになる．このよ

うな暗所への光覚の順応を暗順応（dark adaptation）と呼び，明所への光覚の順応を明順応（light adaptation）と呼ぶ．明るい場所への明順応は数分で完了するが，暗い場所への暗順応は数十分を要するので，エントランスホールから照明を落とした展示室への動線は，観客が暗順応に要する時間を考えておかなければならない．また暗い展示室の間に外光を取り入れた極端に明るい部屋があると，目が疲れやすい．

　展示室内においては，室全体の照度を展示物の照度より低く抑える．床面に不要な障害物さえなければ，展示室全般の照度は 50 lx 以下で十分である．また展示物の背景の輝度を展示物の輝度より小さくし，視野内に，光源や明るい窓，それらの反射などが入ってこないようにする．視野の中に部分的に極端に明るいところ（グレア）があると，展示物が見にくくなるだけでなく，観客は不快を感じる．一般に，視線から 30°の範囲に光源やその反射像が入ると強いグレアを生ずるので，この範囲をグレア帯域と呼び，照明設計のときはこの範囲に留意する必要がある．例えば油絵の展示は，高さ 1.4 m 以下の絵画では展示の中心を床上 1.6 m，これより大きい絵画では下端を床上 0.9 m にして展示の下限とするのがよいとされる[10]．

　視界中の展示壁面の輝度差が大きすぎると，人間の目は明るい面から暗い面へと，頻繁に順応しなければならず疲労しやすい．したがって，見やすく快適な展示のためには，壁面全体の輝度分布がある程度の範囲に収まっている必要がある．一般に，見ようとする対象の輝度とそれに近接する周辺部分の輝度の比は 1：3 から 3：1 の範囲におさめ，また照明光源の輝度と窓壁や天井などそれに近接する周辺部分の輝度の比は，照明光を拡散したり遮ったりして調節して 20：1 以下にすることなどが望ましいとされる．

　このように展示照明について考えると，外光の取り入れには難しい問題があることがわかる．特に直射日光は方向性が強く，部分的に強烈な照射をしやすいので，不用意な採光はグレアや均斉度，輝度分布などについて問題を起こすだけでなく，資料の退色など多くの害を及ぼすおそれがある．また間接光であっても時間や天候によって，自然光の明るさや色温度は大きく変化し，時間的に安定した照明条件，空間的に均整な照明条件を強く求められる博物館・美術館では変動する自然光は好ましくない．そのため主要な照明は，資料に応じて細かな条件設定が可能な人工照明に頼るように設計すべきである．

ここまで述べてきた展示照明の条件をまとめると次のようになる.

[展示照明の条件]

紫外線・赤外線	化学的,物理的な損傷から保護するために除去する
照度	高齢者でも明視できる明るさにし,展示期間を調整して積算照度を下げる
均斉度	一様な照度分布(最高照度部分に対する最低照度部分の比が0.75以上)とする
グレア	視野内のグレアはできるだけ抑制し,不快なグレアはあってはならない
光色	展示目的に適合したもので不快な印象が生じないようにする
演色性	平均演色評価数 Ra の高い光源($Ra \geqq 90$,段階 1 A)を用いる
かげ	対象周辺の手暗がりが少ないことが望ましく,立体感・材質感を表現したい場合は照明器具の大きさや取付位置を工夫する
フリッカ	ちらつきがあってはならない

3.5.4 光源

　人工光源(ランプ)で最も古いものは,灯芯を油に浸して点火するオイル・ランプである.フランスでは,今から数万年も前の後期旧石器時代に作られた洞窟から,おそらく獣脂を用いたと思われる砂岩製のランプが発見されている.その後,動物油脂,植物油脂,石油,ガスなどを用いたさまざまなランプが使用され,1808年にイギリスのH.デービー(Davy)が炭素アーク灯を発明した.これが電気を利用した最初の人工光源(電灯)である.
　日本では江戸時代中頃から庶民の間でも行灯,灯台などの室内用のランプが用いられるようになった.江戸時代後期になると「からくり儀右衛門」こと田中久重(1799～1881)が頻繁に油を注ぐ手間を省くために,空気銃の空気ポンプの原理を応用し油を自動的に供給するしくみをもつ,日本独自の無尽灯を発明している.電灯の使用は,1878年3月25日に工部大学校でフランス製デュボスク式アーク灯が初点火されたのが始まりで,この日が「電気記念日」に制定されている.

表 3.5 主な人工光源

熱放射によるもの
白熱電球，ハロゲン電球
放電発光によるもの
水銀ランプ，メタルハライドランプ，ナトリウムランプ，キセノンランプ，蛍光灯，ネオンランプ
エレクトロルミネセンス効果によるもの
LED

現在利用されている人工光源をおおまかに分けると，白熱灯のように熱放射によるもの，蛍光灯のように放電によるもの，LED のようにエレクトロルミネセンス効果によるものとに分けることができる（表3.5）．このうち，博物館・美術館で一般的に使用されている光源は，ハロゲン電球，蛍光灯，LED であるが，省エネルギーの観点から，白熱灯や蛍光灯の LED への切り替えが現在急速に進められている．

a. 白熱電球

実用的な白熱電球（incandescent lamp）として 1879 年にアメリカの T. A. エジソン（Edison）によって，炭化した木綿糸をフィラメントに用いた電球が発明された．その後，アメリカの W. クーリッジ（Coolidge）が 1908 年にタングステン電球を発明し，日本でも三浦順一が 1921 年に二重コイル電球を発明するなどして，現在使われている電球の形が完成した．

白熱電球の発光部はフィラメントと呼ばれ，タングステン線をコイル状に巻いたもので，これに電流を流して高温に熱して発光させる．このために蛍光灯にくらべて効率が悪く，約 80％ の光が赤外線（熱線）で，可視光線は約 10％ のみである．しかしフィラメントの温度に等しい黒体が放射する光の色温度に近く，演色性が高い．また電圧を変化させることにより，簡単に明るさを調節できるなど利点も多い．電球の内部には，タングステンが焼き切れるのを防ぐためアルゴンガスが封入されている．ガラス球には透明なものとつや消ししたものがある．

b. ハロゲン電球

白熱電球の一種であるが，封入ガスとして窒素，アルゴン，クリプトンなど不活性ガスとともに微量のハロゲン物質（ヨウ素が多く利用される）を用いるものをハロゲン電球（tungsten halogen lamp）という．ヨウ素封入のハロゲン電球はアメリカで 1960 年に発明された．加熱されて蒸発したタングステンはハロゲ

ン原子あるいは分子と結合してハロゲン化タングステンとなるが，拡散・対流作用によりハロゲン化タングステンはガラス管壁に付着せずに，高温のフィラメント付近にもどってきて，タングステンはハロゲンと解離して再びフィラメントにもどる．この循環作用により，タングステンフィラメントの蒸発が抑制され，白熱電球より明るくて色温度の高い光を出すことができ，しかも寿命が長い．管球には石英ガラスが用いられる．

ハロゲン電球からも多くの赤外線が放射されるため，展示には熱線カット型のハロゲン電球が普及している．この電球は管球の表面に，赤外線を反射し可視光のみを透過する反射膜を施して，フィラメントから出た赤外線を再びフィラメントに戻して再加熱することによって，赤外線の量を約40%減らすだけでなく，発光効率も上げて約15%の省電力を実現している．熱線カット型ハロゲン電球と，赤外線を後方へ透過し可視光だけを前方へ反射するダイクロイックミラーを組み合わせれば，資料に照射する赤外線を約10分の1に減らすことができる．

c. 蛍光灯

蛍光灯（fluorescent lamp）は，管球に封入した低圧水銀蒸気中で放電して紫外線を発生させ，その紫外線が管内壁に塗った蛍光物質に当たることによって可視光線を発生させる．実用的な蛍光灯は1938年にアメリカのゼネラル・エレクトリック社のG. E. インマン（Inman）によって発明された．日本では1940年に，法隆寺の壁画の模写のために初めて使用されたが，一般に普及したのは第二次世界大戦後である．

図3.15に蛍光灯の構造を示す．ガラス管の内壁には蛍光物質を塗布し，両端にタングステンのフィラメントをつける．フィラメントにはバリウム，ストロンチウム，カルシウムを主体とする酸化物を塗って放電電極とする．ガラス管にアルゴンガスと水銀粒を封入しアーク放電させると，フィラメントから放射された電子が水銀原子に衝突して水銀原子を励起させ，おもに波長253.7 nmの紫外線

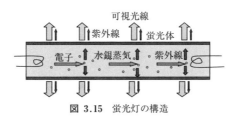

図 3.15 蛍光灯の構造

を発生させる．生じた紫外線は，ガラス管内壁に塗布した蛍光物質をさらに励起して可視光線を発生させるが，可視光線と一緒にガラス壁を透過する 365 nm の紫外線も放射される．蛍光灯の利点としては，加えた電力の 25% が可視光になって効率がよいこと，寿命が長いこと，蛍光物質の種類を選ぶことによってさまざまな色味の光を得られること，光が拡散光でやわらかく，一様な光を得やすいことなどがあげられる．

蛍光物質にはいろいろな種類があるが，代表的なのはハロリン酸カルシウム $3Ca_3(PO_4)_2 \cdot CaFCl$ で，これにアンチモン（Sb）やマンガン（Mn）を活性体として数% 加えると，白色の非常に明るい蛍光を発する．蛍光灯からの光は 90% 以上が蛍光物質の発光によるもので，蛍光物質の調合を変えることによっていろいろな光源色が得られる．蛍光灯には，昼光色（D），昼白色（N），白色（W），温白色（WW），電球色（L）の 5 種の光源色がある．また演色性のよい蛍光灯には光源色を表す記号の次に -DL の記号がついていて，より演色性のよいランプには -SDL の記号がついている．博物館・美術館で使用される蛍光灯はさらに高演色性のもので，-EDL の記号がついている．

蛍光灯は安定器とともに使用しないと安定に発光しない．また照明の明るさを資料にあわせて自由に調節できるように，照明器具と電源の間に入れる調光器も博物館・美術館では必要である．また高周波点灯を行うことにより，蛍光灯のフリッカ（ちらつき）を抑え，発光効率を高めて電力の消費を少なくしたインバータ点灯専用の Hf 蛍光灯も使用される．

d. 発光ダイオード

発光ダイオード（light emmiting diode：LED）は pn 接合と呼ばれる構造をもった半導体でできていて，順方向に電圧をかけると発光する．有機エレクトロルミネセンス（有機 EL）と呼ばれるものも発光ダイオードに含まれる．1962 年に赤色に発光する LED が発明されたのが最初で，その後 1972 年に黄色の LED が発明されてさまざまな色の LED が作られるようになった．1993 年には中村修二が窒化ガリウムを用いた青色 LED を発明して，光の三原色（赤・緑・青）の発光ダイオードがそろい，LED は低消費エネルギーの光源として広く用いられるようになった．この業績に対し，基礎技術を開発した赤﨑 勇，天野 浩とともに，中村ら 3 人は 2014 年のノーベル物理学賞を受賞している．

LED を博物館・美術館の照明として用いるためには白色光源（可視光線の全

3.5 照明

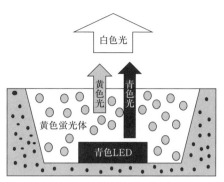

図 3.16 白色発光ダイオードの構造
青色 LED チップと黄色蛍光体を
組み合わせた疑似白色

領域にわたり連続した強度の光を出す光源）である必要がある．赤色，緑色，青色の三原色の光を出す 3 つの LED チップを組み合わせれば白色の光を作ることも可能であるが，それぞれの LED チップからの光は鋭いピークをもっていて連続した強度の光にはならず演色性が悪く，博物館・美術館の照明としては使いにくい．このため白色 LED 光源としては図 3.16 に示したように，LED チップからの光で蛍光灯のように蛍光体を光らせて白色光を出す，疑似白色 LED 光源が広く用いられている．

現在一般に普及している疑似白色 LED は青色 LED チップと黄色の蛍光体を組み合わせたもので，見た目にたいへん明るい白色の光を出す．ただ光源からの光は白熱灯や蛍光灯（水銀からの鋭いピークを除く）のように可視光領域にわたって幅広いスペクトルをもつものではなく，青と黄色に二つの大きなピークをもっている（図 3.10）．また青色 LED を用いているので青色より波長の短い紫色を含まず，緑色や赤色の成分も少ないため蛍光灯に比べて演色性が悪い．近年では演色性を改良するために，新しい蛍光体が開発され，青より短い光を発光する LED チップ（紫色 LED など）を用いた高演色白色 LED も開発されている．ただこれらの LED を光源として博物館・美術館で用いるには，さきに述べたように紫外線を除去してあることを確認しなければならない．

LED は寿命が長く低消費電力で「環境にやさしい」ことから，これからの主要な照明用光源として考えられている．LED を博物館・美術館で用いるには，次の点をよく考慮してから導入する必要がある．

① 価格が高い．ただし普及するにつれ価格は下がっていくと予想される
② 発光部と本体が一体となっているために，蛍光灯のように発光部だけを交換できない
③ LEDは点光源で光に指向性があるために，従来の蛍光灯のように広がりのある照明にするには，拡散板や反射板との組合せや照明そのものの配置までをよく検討しなければならない
④ LED電球には電源回路が内蔵されているので蛍光灯に比べて重量があり，天井照明などでは天井の補強を要することがある
⑤ 熱に弱いため，高出力品は温度が上がりやすい密封型の照明には向いていない
⑥ 現在も新しい製品が次々と出ており，LEDの選択にあたっては，単にカタログ上のスペックのみに頼るのではなく，モックアップの作成など試験的な導入をくりかえして選択する[11]

引　用　文　献

1) 日本色彩科学会編：新編色彩科学ハンドブック（第3版），東京大学出版会，2011．
2) 川上元郎，児玉　晃，富家　直，大田　登編：色彩の事典，朝倉書店，1987．
3) 工業技術院計量研究所訳・監修：国際単位系（SI）日本語版，日本規格協会，1999．
4) L. Harrison：An investigation of the damage hazard in spectral energy, *Illuminating Engineering*, **49**, 253-257, 1954.
5) 神庭信幸：博物館展示照明が色材料に及ぼす作用効果，照明学会誌，**74**，11-16，1990．
6) 神庭信幸：ブルースケールを用いた積算照度の測定と天然染料の堅ろう度の測定，古文化財の科学，**35**，23-27，1990．
7) 森田恒之：博物館の展示証明と微気象変化，照明学会誌，**74**，20-22，1990．
8) 国宝・重要文化財の公開に関する取扱要項の制定について（庁保美第76号）http://www.mext.go.jp/b_menu/hakusho/nc/t19960712001/t19960712001.html（参照2016年8月22日）
9) 武内徹二：明るさの知覚，照明学会誌，**81**，493-505，1997．
10) 洞口公俊，森田政明，中矢清司：美術館・博物館の展示物に対する光放射環境と照明設計，照明学会誌，**74**，26-31，1990．
11) 吉田直人：水俣条約による博物館照明への影響—白色LEDへの転換期を迎えて—，月刊文化財，No. 637，12-15，2016．

4
空気汚染

　空気汚染（air pollution）は産業革命以降に起こった問題で，温度・湿度に比べて比較的短時間のうちに，文化財を錆びさせたり変色させ傷めることが特徴である．昔から「目通し，風通し」を繰り返して，大事に所有者や保管責任者の目で見守られてきた文化財が，気密性の高い展示ケースの導入で人と文化財の空間が分かれ，空気が清浄でないことに気づくのが遅れることで，変色や錆の発生などの被害が起こりうる．化学変化はほとんどの場合不可逆であって，修理などで元に戻すことはできないため，空気汚染による被害が起きないよう防止する必要がある．資料の状態を点検し記録をとり，被害の進行にすみやかに気づくよう管理体制を整備することが不可欠である．

　産業活動や生活によって大気に放出される物質が狭義の大気汚染物質とされるが，ここでは屋外に由来をもつ物質を大気汚染物質と分類し，屋内に発生源をもつ場合を室内汚染物質と呼ぶこととする．汚染物質には粉塵などの固形物と気体状物質の二つの形態があり，それぞれ空間内の挙動や文化財への作用が異なる．ここでは，文化財への影響と調査法，低減化対策について概説する．

4.1 研究の歴史

4.1.1 大気汚染問題

　経済活動の活発化とともに深刻な環境汚染に直面したわが国では，1967年に公害対策基本法（昭和42年8月3日法律第132号），翌年には大気汚染防止法（昭和43年6月10日法律第97号）が制定された．人間の健康への影響の大きさから硫黄酸化物（SO_x）への取組みが先行し，二酸化硫黄（SO_2）による汚染は改善された．大気汚染防止法は地球環境全体への視野を取り込み，1993（平成5

年に環境基本法（平成5年11月19日法律第91号）として拡充された．これに対して，窒素酸化物（NO_x）や粒子状物質（particulate matter：PM）の汚染は，環境基準の達成状況が低いままである．微小粒子状物質による大気の汚染に係わる環境基準について（2009（平成21）年，環告33）で暫定的な指針が出されているが，越境汚染もあり，まだ研究途上にある．

文化財保護分野でも大気汚染による文化財への影響調査が重要となり，昭和30年代には奈良・正倉院の環境大気中に銀板・銅板を曝露して，汚染因子の同定とその影響，濃度測定法と影響評価法について検討された[1]．また1967年には，上野周辺や京都国立博物館など各地の亜硫酸ガス等の測定が行われ，箱根美術館（火山に由来する硫黄酸化物）や宇治・平等院では銀が硫化するのに対し，熱海美術館，横浜・三渓園，京都国立博物館，東京国立博物館では塩化物になるとの報告がある[2]．大気汚染防止対策の進展とともに研究事例数は減少するが，漆喰壁表面の硫酸塩化[3]など，その影響は深刻である．

4.1.2　室内汚染問題

室内汚染への規制としては，公衆衛生の観点から特定建築物に対して通称「ビル衛生管理法」（建築物における衛生的環境の確保に関する法律，昭和45年4月14日法律第20号）が定められている．昭和40年代に多数のビルが建築されたが，特に衛生面で不適格な事例もあり，その防止を図って定められた法律である．室内空気にかかわる環境基準としては二酸化炭素（1000 ppm 以下），一酸化炭素（10 ppm 以下），浮遊粉塵量（0.15 mg/m^3 以下），温度（17～28℃），相対湿度（40～70％），気流（0.5 m/秒以下）についての規制が当初より定められていたが，2003年4月には，ホルムアルデヒドの濃度基準（0.1 mg/m^3 以下）が追加された．またシックハウス対策に関わる法令等が，建築基準法第28条の2や建築基準法施行令第20条5～9等に追加され（2003（平成15）年7月），内装仕上げの制限，換気設備装置の義務付け，天井裏などへの措置が必要となった．

文化財保護の分野では，新築のコンクリート造建築物の屋内で室内空気がアルカリ性になり美術品材料が影響を受けるとの報告がある（1967年）[4]．この時期には国立の新規公開施設や補助金による寺院収蔵庫等の設置があり，新築屋内における環境の特殊性，特に「アルカリ因子」に関する研究が進められていた[5,6]．この研究成果を受け，国宝や重要文化財など国指定品を県外から借用する展覧会

4.1 研究の歴史

について文化庁と事前協議する際に, 東京文化財研究所の保存環境に関する意見書「保存環境調査報告書」が求められるようになった.

「アルカリ因子」は, 元来アルカリ性であるコンクリート粉塵に由来するものや, 骨材・細骨材の表面に付着した生物がコンクリート中の強アルカリ性環境下で分解してアンモニア・アミン類が生じることに起因するものなどがあり（図4.1）, その発生メカニズムが報告されている[7~9]（図4.2）.「アルカリ因子」の発生機構の解明後, 研究の中心は「酸性環境」の原因と発生機構, その対策の検討に移っていった[10, 11].

海外では, 木製の収納ケース内で出土考古遺物の表面に白色塩類が析出する例が1971年にR. J. ゲッテンス（Gettens）らによって報告されていたが[12], 当初は埋蔵時に包含されていた可溶性塩類が室内環境中に置かれて乾燥・湿潤を繰り返すうちに表面に移動・濃縮したものと考えられていた. しかし研究が進むにつれて, 揮発性の化学物質が換気の悪いケース内や棚によどみ, 文化財と直接反応して被害を生じていることが明らかになり[13], その後, その酸性物質はおもに有機酸（ギ酸, 酢酸など）であることが解明された. 国内でこの酸性問題は, 建物の気密性が増し, 密閉型のケースで資料を保存するようになってから顕在化し, 被害例も報告されるようになった[14~16].

その後, 室内汚染の発生源についての研究が進み, 現在では, 内装材料からのガス放散速度と換気率（空気交換率）から空間内の汚染ガスの濃度予測が可能となった.

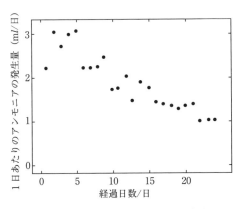

図 4.1 モルタルからのアンモニア発生量の経時変化

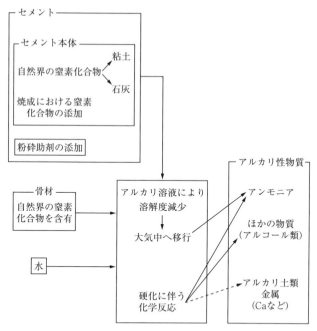

図 4.2 アルカリ性物質（「アルカリ因子」）発生プロセスの概要[54]

4.2 室内汚染物質の文化財への影響と発生源

4.2.1 汚染物質の種類と文化財への影響

文化財公開施設内では，表4.1や表4.2にあげた汚染物質が文化財に顕著に被害を起こす物質である．化学物質と文化財の間の反応は，①化学物質と材料との反応性，②文化財材料の物性，③文化財の製作技術・技術の多様性によって変わるので，これらの点を勘案し安全側に制御する必要がある．また親水性の表面をもつ文化財材料が多いため，文化財の含水率を下げて反応が進まないように収蔵空間の相対湿度を管理することが重要である．展示環境基準としての化学物質の指定や指針値・基準値等は，国や学会レベルでは定められていない．海外で行われた促進曝露試験結果をもとに[17]，数週間程度の保管における目安とある程度長期の保管のための推奨濃度が文献[18]にまとめられている．

酸性を示す汚染物質はいずれも金属の錆を誘発するが，窒素酸化物はセルロー

4.2 室内汚染物質の文化財への影響と発生源

表 4.1 文化財への影響概略（大気汚染物質）

化学物質*	発生源/生成原因	影響
硫黄酸化物（A）	工場・火山	金属腐食，油絵下地の噴出誘導
窒素酸化物（A）	車など	金属腐食，紙・染織品脆化，油絵下地の噴出誘導
硫化水素（A）	火山	金属腐食，特に銀の黒化
オゾン（O）	太陽からの紫外線など	有機物質の酸化促進
海塩粒子（H）	海	金属腐食促進
微小カーボン	車など	汚損，局所的な高湿度核となりカビ成長促進，ガス吸着

＊酸性物質は A，酸化性物質は O，吸湿性を H と示す．

表 4.2 文化財への影響概略（室内汚染物質）

化学物質*	発生源	影響
アンモニア（B）	コンクリート・水性ペイント	油絵の褐変，緑青の変質
窒素酸化物（A）	暖房器具，照明器具など	金属腐食，紙・染織品脆化，油絵下地の噴出誘導
ギ酸・酢酸（A）	合板・木材・接着剤	金属腐食，貝標本の白色粉状物質形成，鉛顔料の変色
アルデヒド類（R）	合板・ホルムアルデヒド系樹脂	有機物質の硬化・脆化，染めの退色
オゾン（O）	照明器具・暖房器具など	有機物質の酸化促進・脆化
炭酸ガス（A）	観客	90% RH を越える環境下では鉛顔料の変色，紙の劣化促進
含硫黄化合物	ゴムカーペット	銀の黒化

＊酸性物質は A，アルカリ性物質は B，酸化性物質は O，還元性物質は R と示す．

スとの反応性が高く，紙・木材などのセルロース質の文化財に影響が大きい．そのほか，アゾ染料の分解を引き起こす．硫黄酸化物の影響として，敦煌壁画の赤色顔料の一つである鉛丹が黒変した例，漆喰壁表面のみ硫酸塩に変質した建造物の事例がある．火山ガスである硫化水素中の硫黄は，特に銀・鉛との反応がすみやかに進み銀食器を黒変させるほか，銀や鉛を含む貨幣では「割れ」などの被害を生じることもある[19]．

室内汚染物質として注目されるギ酸・酢酸などの有機酸は，木材[20]，特に合板から多量に発生する[21]．酢酸は鉛との反応が激烈で，工芸品の錆化や軸首の破裂，鉛丹の変色などの被害例がある．

アルカリ性物質は油絵の褐変を起こすことがよく知られている[6]が，このうちアンモニアは銅と反応し，緑青が水溶性の銅アンミン錯体に変化する[22]．アンモニアは水に溶けるため文化財に吸着しやすく，発生源近傍での濃度が高い[23]．

オゾンなど酸化性の強い化学物質は，有機質文化財を過酸化物に変えて脆化・変質させるが，その発生源は照明器具や暖房器具など資料の近傍にある場合が多

く[24]，注意が必要である．アルデヒドなどの還元性物質は，染料の退色を促進させる．塩化物はブロンズ病の原因物質であり，海からの距離が近い施設では要注意である[25]．

化学物質により材料が変質した場合には結晶成長を伴うことが多く，物理的ストレスによる破損等の被害が生じることもある．貨幣の品位次第では主成分に対してパーセントオーダーで銀や鉛を含む場合もあり，木製の保存箱に保管中に褐変や割れなどの被害を生じることもある[26]．

粉塵・液滴など固形状・様物質は，直接的な作用として摩耗・汚損を起こし，また副次的な作用として粉体周辺に含水量の高い状態を生み出す[27]．また胞子などの担体となっている場合には，発芽を誘発する[28]．粉塵で覆われた表面は，空間中のガスを吸着・濃縮し，被害の進行を早める点で，空気を清浄に保つ努力が必要である．PM10は粒子径が$10\,\mu m$の微粒子を半分捕集できるフィルターで採集された，$10\,\mu m$以下の微粒子の集合体である．PM4，PM2.5などのモニタリングが実施されている．PM2.5の90%以上は$0.9\,\mu m$以下のサイズで，対策の難しい大きさの物質であり，世界的な取り組みが始まったところである．

4.2.2 汚染物質の発生源

室内汚染の発生源は，大別して二つに分類できる．すなわち，新築・改修なりの一時的な要因と，今後も一定量の放出が続く見込みの要因，である．表4.3に，発生源とその放散期間の概略をまとめる．

表 4.3 室内汚染物質の種類と発生源，発生期間とその対応など

	発生源	発生期間とその対応
アルカリ性物質	コンクリート	一時的（〜二夏）
（アンモニア・アミン類）	床洗浄剤/床ワックス	一時的（〜3日）
	観客	恒久的，ケミカルフィルターなどで対処
	土蔵の壁	恒久的，ケミカルフィルターなどで対処
	難燃・不燃処理剤の一部(リン酸アンモニウム)	恒久的，使用しない
酸性物質（ギ酸・酢酸）	建材（ベニヤ板・木材）	恒久的，換気等で対処
	水性塗料・接着剤	一時的（〜3週間）
酸化性物質（オゾン）	電気器具・照明器具	恒久的，換気で対処
還元性物質（ホルムアルデヒド）	ベニヤ板	一時的（〜3ヶ月）
	メラミン焼付	恒久的，使用しない
粉塵など	観客・作業者など	恒久的，HEPAフィルターで対処

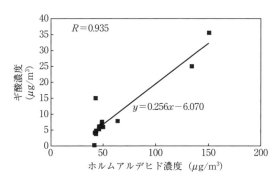

図 4.3 新築家屋内のホルムアルデヒド濃度－ギ酸濃度の相関[29]

新築の室内空気中のギ酸濃度は同空間のホルムアルデヒド量と相関があることが報告されている[29] (図4.3). ホルムアルデヒドを酸化するとギ酸となるが, この反応はアルカリ性環境下ですみやかに進むことが知られており, 新築コンクリート建造物にホルムアルデヒドを多量に含む合板を持ち込まないことが肝要である.

木材や合板を塗装したり, 壁にクロスなどを接着したりする場合には, やに止め・アク止めのために塗料や接着剤のpHを酸性側にする必要があり, 酢酸が水性塗料や接着剤のpH調整に使われている. 水性ペイントなどのpH調整のためにアンモニアが添加されることも多く, 気密性の高いケース内に設けた展示台の最終仕上げに用いた塗料が発生源となった事例がある[23]. 文化財への被害を防ぐには, できる限り塗料による加飾は避け, 接着剤の使用は最小限にとどめることが重要である.

粉塵の発生源は外界からが多く, 扉からの吹き込み, 外気取り入れのフィルターの有無と能力に依存する. 室内発生源は, 人の作業による発塵である.

4.3 調査法 (モニタリング手法)

鼻はすぐれた検出器の一つで, 感知できる臭いについて化学物質用検出器と比較すると, 約2桁も感度が高いことが知られている. しかし, 一般的に分子量の小さな分子に対しては, 高濃度にならないと臭気として感じない特性がある[30].

例えば，酢酸では1 ppm程度にならないと臭気を感じない人が多いが，酪農農場などの特有な臭気のもとである酪酸は，わずかな量が存在しても臭気を感じる．何か臭気があるときには空間内での化学物質の濃縮が疑われるので，すみやかに換気すべきである．

モニタリングとは定期的な監視活動をさし，特定の場所で長期間行うことが求められ，簡便で安価であることが重要である．空間の空気環境モニタリングには，化学物質の種類を調べる定性的な検査法と，対象化学物質量を調べる定量的な検査法，加えて発生源を探すための検査法がある．また，文化財への被害程度を評価する手法として，金属板試験，「アマニ油試験紙法」，「Oddyテスト[21, 31]」などがある．

定性的なモニタリング手法としては，臭気の識別，「変色試験紙法」（「環境モニター」として市販），ガスクロマトグラフや液体クロマトグラフ（イオンクロマトグラフ含む）などによる定性分析がある．定量的な手法としては，対象物質の性質により，液体クロマトグラフ（イオンクロマトグラフ含む），ガスクロマトグラフなどが用いられるほか，半定量的な手法としてパッシブインジケータ，ガス検知管法がある．精密な手法を選択する場合は気中濃度を推定し，分析機器の定量限界を勘案して十分な量の試料をサンプリングする必要があり，測定値については基準濃度の10分の1の量まで正確に測定できる手法を選ぶ．

サンプリングには，試験空間に決められた時間静置した後に回収し，評価・計測・分析を行う捕集方法（パッシブサンプリング）と，ポンプを使って空間内の対象物質を捕集する方法（アクティブサンプリング）がある．アクティブサンプリングでは，その捕集時点での気中濃度が求められるが，その空間の日平均値は得られない点に注意が必要で，一般住居など長時間滞在する空間に対しては公衆衛生の観点から24時間捕集が公定法として定められることが多い．文化財への影響には，最高濃度よりも，平均濃度と接触時間の双方が関係するため，その空間の日平均値を求められるサンプリング手法の確立が重要であるが，アンモニア，ギ酸・酢酸，海塩粒子，オゾンについては，パッシブモニタリング手法の研究がまだ十分ではない[32]．ホルムアルデヒド・アセトアルデヒド，窒素酸化物，硫黄酸化物については，公衆衛生の観点から，捕集剤，捕集時間，分析手法などがすでに確立されている．

文化財への影響が懸念される汚染物質はいずれも水溶性で吸着性が高く，発生

源近傍と空間平均値との差が大きいことがわかっている[33]．そのためサンプリング場所については，送風機・空調を備えた空間では部屋中央，あるいはレタンダクト近傍で得られた数値を空間の平均値として管理濃度に利用する場合が多いが，同時に影響を受けるおそれのある文化財近傍での対象物質濃度も測定する必要がある．

粉塵に対しては，定量的な評価が可能な粉塵計のほか，黒色板や白色板に塵埃を捕集して観察・分析する方法がある．また学習用教材として，暗い筒の中に光を通し塵埃を光らせて量を評価する簡易なキットや，ポンプの代わりにペットボトルなどで減圧にして塵埃を捕集する方法などもある．

以下に，いくつかの項目について，詳細を述べる．

4.3.1 空間の空気環境モニタリング

a. パッシブサンプリング法

i) 「変色試験紙法」

「変色試験紙法」（写真 4.1）は新築コンクリート造建築物内での「アルカリ因子」などのモニタリング手法として見城らによって開発された[34]．クロロフェノールレッド，ブロモクレゾールグリーン，ブロモチモールブルー，フェノールレッドの4色素をグリセリンに対して0.5%重量になるように混合して作成した検定液をろ紙に含ませ，対象空間（空間管理用には室内中央）に吊るして24時間後の色を観察するものである．その原理は，グリセリンの吸湿性を利用して空

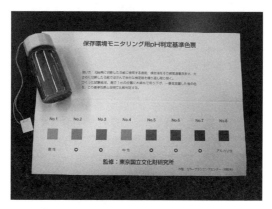

写真 4.1 保存環境モニタリング用「変色試験紙」
（口絵 9 参照）

気中の水分をろ紙上に移動させ，水溶性の汚染物質量の多少に従い色素色が変化することから，空間大気の偏酸・偏苛性を判断するものである（公益財団法人文化財虫菌害研究所から「環境モニター」の名称で頒布）．

アンモニアの吸着に比べてギ酸・酢酸の吸着がすみやかに起こることが分かっており[35]，評価にあたっては必ず24時間経過後に色味を見て判断する．橙色（酸性）〜黄色〜黄緑色〜緑色〜青色〜紫色（アルカリ性）と変化し，黄緑色を示す場合を清浄環境と判断するが，これは炭酸ガスをおよそ300 ppm含む一般大気での指標色である．点状にまだらな変色域がモニターに現れた場合には，アルカリ性粉塵の飛散が疑われ，すみやかに清掃してアルカリ性粉塵を除去した後に再試験する．

この手法はパッシブモニターの基材に使われている活性炭やテナックスに比べるとグリセリンの吸湿力が弱いため，レタンダクトの近傍のように常に空気が動いている場所では，汚染物質を十分に捕集できない．そのため設置にあたっては，空気の動きの少ない風の当たらない場所を選んで設置する．酸性物質とアルカリ性物質が中和する量で共存している場合には中性を示す，竣工から2年経た建物では乾燥が進み正確な判断が困難，汚染物質種類の情報は得られないなどの問題もあったが，安価で操作が簡便，現場で判断可能，遠隔地からも結果を郵便等で送付できることなど，リモートモニタリングには適した手法である．

ii）「パッシブインジケータ」

「パッシブインジケータ」（写真4.2）は博物館等の空気汚染の評価のために開発されたもので，有機酸用とアンモニア用が市販されている．評価対象空間にそ

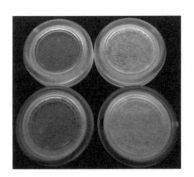

写真 4.2　パッシブインジケータ（口絵8参照）
（左：有機酸用　右：アンモニア用）

れぞれ7日間，4日間静置し，変色の程度を付属の色票と目視で比較しておよその汚染状況を判断するものである．引き出しや棚の中など小さな空間でも評価でき，取り扱いが簡便で，密封すれば輸送できるのでリモートモニタリングにも利用されている．また，比較的近傍の情報を反映することから，発生源調査に利用できる可能性もある．RGBの色測定値から濃度を数値化する取組みも行われているが，著者が推奨するガス濃度近傍での制度が悪いため，国指定品の借用時の環境調査では，インジケータそのものの変化を目視で確認し，すべての粒が変色しているかどうか（完全変色）で判断している．シリカゲルの吸湿性を利用して汚染ガスを拡散させて誘引させる原理から，狭い空間で多量のシリカゲル系調湿剤の近傍に設置すると，評価が適正でない場合も起こりうる．

b．アクティブサンプリング法

i) ガス検知管

ガス検知管は，特定のガスに対して変色する化学物質を利用して，空間のおよそのガス量を評価する方法である．手動ポンプで一定量を吸引するタイプ（高濃度の物質に対して，写真4.3），機械ポンプで大容量を吸引するタイプ（極低濃度の物質に対して，写真4.4），空間に静置してガス拡散を利用して受動的に吸引させるパッシブ型の検知管もあるが，酢酸用，アンモニア用いずれも検知濃度域が高く，博物館等の空気汚染の把握には利用できない．

一般大気中の炭酸ガス量は都市部ではおよそ400 ppmであり，ビル管理法用

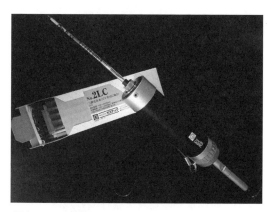

写真 4.3　検知管とハンドポンプ
炭酸ガス用，ホルムアルデヒド用等化学物質の種類ごとに異なる検知管を使う．測定できる濃度範囲や吸引回数，保管温度などにも注意する．

写真 4.4 北川式ガス検知管による
サンプリングの様子

炭酸ガス検知管とハンドポンプを組み合わせて計測できる．室内の換気量不足や換気時期を判断する目的で用いるとよい．公衆衛生の観点から人の在室時にのみ換気をすればよいと考えて，省エネを目的に炭酸ガス濃度センサーを空調ダクトに組み込みモーターダンパーの開閉を制御する施設もあるが，多量の資材を搬入して急ぎ換気の必要な場合に対応できないなど問題もあり，強制換気装置を併設するとよい．

　博物館・美術館での低濃度アンモニア，有機酸の検出のために開発されたガス検知管が市販されるようになった．専用のポンプが必要でアンモニアでは24 L，有機酸では12 Lの空気を吸引し（採取時間1時間），空間濃度を変色域から半定量できる（温度補正のための温度測定が必須）．精密分析との相関がある[36]と報告されたことから利用が増えているが，多量の空気を吸引して測定するので，ケースのような狭い空間では濃度補正が必要である．展示ケース内の濃度測定に用いる場合にはポンプ設置で開扉したことで室内側に汚染ガスが拡散して濃度が一時的に下がることから，閉扉して一定の時間の後にサンプリングを開始するポンプのディレイ機能を利用すると正しい値に近づく．測定方法として簡便であり，サンプリング用のユニットを工夫すると発生源調査にも利用できる．

c. 精密分析

　精密分析では，化学物質の種類を調べる定性的な検査法と，対象化学物質量を調べる定量的な検査法，加えて発生源を探すための検査法[37]が可能である．しかし，実施には十分な化学的知識を要するため，環境化学を専門とする研究者の

協力が不可欠である．ガスクロマトグラフ，液体クロマトグラフ（イオンクロマトグラフ含む）などでは捕集方法，導入方法，カラム種類と検出器の組合せを変えて，対象物質の分析を行う．サンプリングは数回に分けて対象物質の特性に合わせて行い，捕集液・捕集量も変える必要がある．通常はアルカリ性物質捕集，ギ酸・酢酸捕集，窒素酸化物・硫黄酸化物捕集，ホルムアルデヒド捕集，VOCs (volatile organic compounds, 揮発性有機化合物) 捕集などを別々に行う．

実際の施設での各種室内汚染物質の測定例については文献[38,39]等の報告がある．その大気中濃度は数十 ppb～数百 ppb であることが多いが，臭気を感じたケースでは 1 ppm 超の濃度となっていた事例もあった．

4.3.2 文化財への影響評価法

アルカリ性雰囲気での油絵への影響を把握するにはアマニ油試験紙が有効である．アマニ油試験紙とは，ホルベイン社のアマニ油 (linseed oil) を定性ろ紙に染みこませ，30℃ のオーブン中で 10 日程度放置して熱重合させ作成した試験紙で，10 日間試験空間に吊るして色の変化を見るものである．アルカリ性物質であるアンモニアが油を分解（けん化反応）すると褐色～赤褐色に変色する原理を利用している．新築・改修まもない環境下で油絵の展示を予定している場合には試験すべきである．なお，化学薬品として流通している精製されたアマニ油を用いるとアルカリ性環境下での変色が遅いことから，画用アマニ油中の不純物を反応中心として褐色化が進むと考えられているが，その機構はまだ解明されていない[40]．

酸性物質に対しては銀・銅・鉛板曝露を用いる．鉄は錆の生じる速度が速すぎるために，影響評価には用いない．市販の薄板は錆の防止のために保護膜がある場合が多く，試験前に #2000 番以上の紙やすりで研磨後にアセトンで十分に洗浄してから試験片とする．銀の錆は硫化物，鉛の錆は有機酸塩や硫化物に，また銅の錆には塩化物・酸化物・硫化物を形成している場合が多い[41]．一般的には錆の発生を目視で確認する．亜硫酸ガス，硫化水素，塩素系ガスに対して診断できるクリーンルーム用の腐食性ガス診断キットも市販されている．

「Oddyテスト」は大英博物館の W. A. オディ (Oddy) によって 1973 年に発表された方法[21,31]で（図 4.4），イギリスを中心に世界で最も利用されている試験方法の一つである．より短期間で資材の良否を判断できるように，密閉容器中

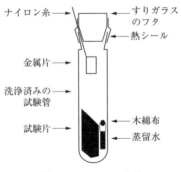

図 4.4 Oddy テスト[42]

に試験材を設置し，高湿度で反応を促進させるため試験材に触れないように水を入れ，上記 3 種の金属板を置き，60℃ のオーブン中で 28 日間保管し，錆の発生を観察する．

展示ケース資材や文化財の包材試験は，国内ではほとんど行われていないが，文化財に直接触れ，文化財の収納空間を支配する材料試験を重要視し，海外では頻繁に行われている試験である．PAT（Photo Acitivity Test, ISO 18916）試験は，化学的影響を受けやすい写真画像に材料を接触させて化学的影響の有無を評価する方法で，文化財の包材試験に用いられる．空気汚染対策として利用する吸着剤や吸着シートなどについて，誤って文化財に触れた場合に問題を生じないことを謳う目的で，PAT 試験を通過した製品であることなどがカタログなどで記載されている例もある．

4.4　空気汚染への対策

資料の保管管理の工程としては，IPM（integrated pest management 総合的有害生物管理，5.3.1 項参照）と同様に，Avoid（回避）→Block（遮断）→Monitor（発見）→Respond（対処）→Recover（復帰）の順で行うのが合理的である．保管空間を陽圧にする圧力調整や温度湿度管理による資料表面の結露防止は最も有効な回避方法であり，汚染物質の侵入の遮断，簡便な手法による定期的な汚染物質量の把握と資料の点検・記録などの監視体制の確立が予防的保存の根幹である．基本方針としては，汚染物質を持ち込まない，すなわち予期しない

化学物質の濃縮とそれによる影響を予防するため汚染物質をあらかじめ「回避」すること，また，侵入・拡散させない「遮断」，が重要である．

4.4.1 大気汚染物質対策

大気汚染物質対策としては，建物外部に対して建物内部を陽圧に設定して屋内に汚染ガスが流入しにくいように制御することが「回避」手段である．風除室を備えて直接外気からの侵入を防ぐほか，扉などの開口部にダウンフローのエアカーテンを設置するなどの方法がある．重要な資料の保管庫においては，空気の流通を妨げるようにシールされた扉が必要である．また，文化財に影響を与える大気汚染物質は吸着されやすいものが多いので，外気の流入口から文化財に到達するまでの距離を長くとる（展示室を入り口から遠く配置するなど）ことでも，その影響を軽減できる[27]．

「遮断」の手段としては，車や工場排ガスなどからの窒素酸化物・硫黄酸化物，周辺の田圃・酪農からの農業由来のアンモニア，太陽からの紫外線による大気中でのオゾンや過酸化物生成などの汚染物質を取り込まないように，フィルターを備えるなど設備面で強化していくことが肝要である．発生源が特定できる場合には外気の取入れ口・方向を変えるほか，外気処理用にケミカルフィルターを装備することで汚染物質を除去できる．窒素酸化物などの大気汚染の問題は今後も続くことから，外気取り入れに伴う汚染物質の侵入を遮断するための外気処理用フィルターの設置は必須である．粉塵のみならず大気汚染物質に対しても，セルロース質の木箱，薄葉紙による遮断効果は高いことから，保管庫内では資料は収納箱にしまうことが望ましい．

「対処」としては，汚染空気の排気と新鮮外気の取り入れによる換気を行うこと，汚染空気の滞留しやすい粉塵を除去するために清掃を励行すること，また空気中の浮遊粉塵に対してはHEPAフィルターを用いた空気清浄化を，化学物質に対しては空調ダクト系に活性炭フィルターを組み込んで侵入を防ぐなどの処置がある（図4.5）．

4.4.2 室内汚染物質対策

a. 揮発性有機化合物対策

新築時の室内空気汚染は建築材料が発生源であるため，材料選定によりあらか

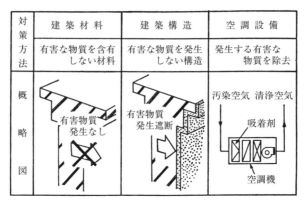

図 4.5 室内汚染物質清浄化のおもな手法[8]

じめ室内が汚染されないように「回避」することもよい方法である．しかし，ガスの放出量については持ち込んだ建材量に依存するので，空調を通して新鮮外気の取入れができるよう設備面で備えておくことも「回避」の手段である．

「遮断」としては換気あるいは専用のケミカルフィルターを装着した空気清浄機を利用して，空間から当該物質を除去・低減させる方法のほかに，発生源が動かせる場合には室外に出し，換気のよいところでシーズニングするという方法もある．発生源を動かせない場合には適切な遮蔽シートや吸着シート等でくるむなど，空間に放散しないように発生源そのものを対処する．

「対処」の方法として，「枯らし」が有効である．「枯らし」（シーズニングともいう）とは，空気の清浄な空間で，材料表面に風を当てて，吸着した化学物質を蒸散させることを指す．ガスの放散速度は温度に依存するので，「枯らし」の過程で室温を上げてガス放散を促進する方法もある（ベークアウト）．木材のように，一般的に表面から蒸散し終わっても，内部からゆっくり拡散して放散が続く材料もあるので，枯らしは初期の高濃度曝露を避ける手段に過ぎない．また守るべき資料点数が少ない場合には，空間全体の化学物質を積極的に除去する代わりに，資料を密封してガスから遮蔽して保管し，ガス濃度の高い空間は換気して空気質の改善を図ることもできる．物理的ストレスを生じない範囲で資料の含有水分量を少なくする（相対湿度を下げる）と，反応速度を小さくすることができる．

展示室内空気清浄のために空調ダクトに設置するタイプのケミカルフィルターは大別して，対象汚染物質に対して保持能力のある化学物質を直接添加した添着

炭と，その化学物質をフィルター基材の末端に放射線重合などで結合させた化学反応性付加タイプがある．前者のタイプでは，対象物質の発生量が低減した後に添加薬剤が室内に流出する（再汚染，あるいは逆汚染という）おそれがあり，これに対して後者のタイプは一般に1パスでの除去能が低く，破過（breakthrough，対象物質を保持できなくなること）期間が短い場合が多い．一般的な使い方として，新築から2年経過程度までは多量の汚染ガスを処理するために添着炭を利用し，その後，環境条件を確認してから化学反応性付加タイプのフィルターに切り替える．また新築当初はコンクリートから発生するアルカリ性ガス除去のためにアルカリガス除去用のフィルターを備え，収蔵庫などの木材使用量の多い部屋に対しては酸性ガス除去用のフィルターを追加して組み込む．新築から2年経過後には，放散期間の長い酸性ガス除去用フィルターの組み込み率を高くするのが一般的である．長期的に環境を確認しながら，2～3年ごとにフィルターの種類について検討することが必要である．また，どんなタイプのフィルターにも必ず寿命（破過）があり，処理能力は定期的に確認する必要がある．

b. 粉塵対策

粉塵の発生は外界からの吹き込み・持ち込みであるが，人の作業に伴う内部発生もある．2 μm よりも粒径の大きな粉塵は沈降して床面に堆積する（約30分で十分な量の沈降が認められる[43]；図4.6）ので，繰り返しの清掃は有効である．作業による発塵も粒径の大きいものが多く，粉塵の舞う可能性のある作業を室内で行うにあたっては，作業中から空間の大きさに見合った能力の空気清浄機を設

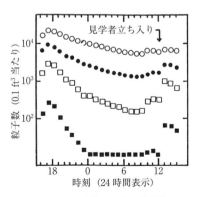

図 4.6 寺院収蔵展示室内の粉塵の挙動[43]
○0.5 μm　●1.0 μm　□2.0 μm　■5.0 μm

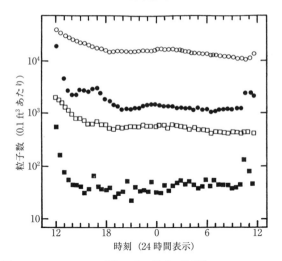

図 4.7 エアクリーナー運転による粉塵の挙動[43]
0.5 μm：○エアクリーナー OFF ●エアクリーナー ON
2.0 μm：□エアクリーナー OFF ■エアクリーナー ON

置し，作業後30分程度まで稼働させ，その後床面清掃を行えば，沈降した塵埃も除去できる（図4.7）．粘着マットの使用も大変有効である．

　粉塵清掃にはふき取りが適しているが，繊維くずなどの大きなゴミは掃除機でないと除去できないので，吸引清掃と清拭の2段階が必要である．掃除機の排風が床面に当たらないよう注意し，排気処理にできる限り目の細かいフィルターでろ過するものを選択するとよい．クリーンルーム清掃用のHEPAフィルター（high efficiency particulate air filter）組込みの掃除機を使う場合には，比較的清浄な状況で使わないと，フィルターの寿命を著しく短縮させる．排気処置に水タンクを備えた大型の清掃機については，排気処理は万全であるが，作業中の転倒に留意し，また使用後すみやかに水を捨てるなど，取り扱いには注意を要する．

　浮遊粉塵に対しては，HEPAフィルターなどを空調ダクトに組み込む，あるいは一時的に床置きの空気清浄機を設置して浮遊粉塵の除去低減を行う．廉価な市販品は流路に隙間があるため除去性能に限界があり，フィルターが目詰まりすると除去できなくなるので，フィルターは定期的に更新する．また高圧電気を利用するタイプでは，オゾンや窒素酸化物を発生することが明らかになっており[44]，その下流側にオゾンを捕捉できる活性炭フィルターが装着されているか確

認する．ダクトに設置したフィルターで除去できない塵埃は，大気汚染物質を吸着しているおそれがあり，文化財に堆積しないように，文化財の収納時には収納箱に入れる，あるいは薄葉紙をかける，展示にはケースを利用する，保護用のガラス等をかけるなどの方法が有効である．

4.4.3 展示ケースの汚染対策

展示ケースは文化財を一定期間保管するためのもので，文化財の保存のため，防犯・防災，温湿度の安定のほか，化学物質汚染にも注意する必要がある．気密性を上げたケースの使用は，大気汚染の侵入防止には有効であるが，資料の収納空間と管理側の人間の空間を完全に分けられてしまうため，定期的にケース内空気の汚染状況を監視する必要がある．化学物質による文化財の変質は特定の濃度（閾値）を超えると発現し，この化学反応は不可逆であるため，変質が起こらないよう汚染物質濃度を抑制することが相対湿度の安定よりも優先である．

「回避」手段としては，展示ケースを新設する場合には，ガス放散の少ない材料を選定する[45~48]のが望ましい．展示ケースの床・壁には木質材料が利用されることが多いが，木質材料内部から拡散して酢酸放出が長く続くため，不用意に木質材料を多用せず，ケースの容積に対して木材の露出面積が大きくならないよう，また木質材料床の裏面にも注意を払う．コーキング剤には脱酢酸タイプのものは利用せず，その他のタイプも使用量を控え「枯らし」を行うとよい．各種内装材料のガス放散測定が難しい場合には，テドラーバッグなどガス吸着の少ない袋に試験対象資材を入れ，パッシブインジケータやガス検知管などでガス放散量の多少を判断する簡易判別という方法も採用できる[45]．また，展示ケースの木質材料対策として，展示ケース内部の空気を循環して処理できるように空気清浄化のためのルートとファンを設ける[49]のが望ましい．この空気清浄化ユニットは，吸着剤が不要な場合には調湿剤に置き換えると展示ケース内をすみやかに調湿できる．

「遮断」として，ガス放散測定をしない場合には，表面に吸着している有機酸を減らす「枯らし」の作業を行ってからケースを製作するとよい．また気密性の高いケースに文化財を収納する前に，展示ケースを製作後3ヶ月程度「枯らす」ことで，初期の汚染ガス吸着を避けることができる．展示室内空気は展示ケース内に流入するので，展示ケースを設置する展示室の空気清浄化にも留意する．

継続して定期的にケース内汚染物質濃度を「監視」し，必要な場合には，展示室内空気が清浄であれば，扉を開けて換気し「対処」する．ガス放散を促進するため展示ケースの扉を開けることは，防犯面，相対湿度の変動抑制の点で問題はあるが，気密性の高い展示ケースで木質材料を用いる場合には，展示替えの機会などを利用して定期的に換気する方がよい．展示室内も空調して温湿度，空気清浄ともに良い状態で展示替えすることで，自然に展示ケース内から汚染ガスが展示室内に放散される．展示替えの少ない常設展示ケースでは汚染ガスの滞留が起こりやすい．濃度上昇の程度は，ガス放散速度と温度，展示ケースの気密性，展示室内の汚染ガス濃度に依存する[50]．送風機など組み合わせて短時間でケース内空気を室内に追い出して換気する場合には，目安として展示ケース容積の6倍量の室内空気と入れ替え，汚染ガスをケース内から室内へ送り出すよう送風機を配置する．

吸着剤による「対処」は，吸着剤が汚染ガスに接触するように設置しないと効果は少ない．既存展示ケースの対処では，表面に吸着した汚染ガスを吸着剤と接触させて除去することもある[51,52]．汚染ガスは空気より密度が大きい物質が多いので置き型吸着剤は床面に設置するが，汚染ガスとの接触部が大きくなるようシート状のものにするのが除去効率がよい．文化財に当たる風速が小さくなるよう小型の送風機と組み合わせて，ケース内汚染ガスが気流に沿って持続的に吸着剤と接触するよう設計すると効率良く空気清浄化できる．展示台が発生源の場合，耐薬品性の高い厚手のポリエチレン（もっとも効果の高い組み合せは，ポリエチレン-アルミシート-ペット樹脂で構成された三層構造のもの）などで，露出している木質部分を封鎖するなども対処の一つである[53]．

引 用 文 献

1) 門倉武夫，江本義理：奈良国立博物館における正倉院展展示環境調査，保存科学，8，51-60，1972．
2) 江本義理，門倉武夫：文化財保存環境としての各地の大気汚染度の測定結果—大気汚染の文化財に及ぼす影響（第5報），保存科学，3，1-22，1967．
3) 門倉武夫，江本義理：障壁画の環境に及ぼす汚染空気の影響，保存科学，12，19-34，1974．
4) 登石健三，見城敏子：うちたてコンクリート箱内に於て美術品の材料がうける影響，保存科学，3，30-39，1967．

5) 登石健三，見城敏子，石川陸郎：コンクリート建造物内空気の偏苛性・偏酸性，保存科学，**8**，61-72，1972．
6) 見城敏子，登石健三：つくりたてコンクリート室内雰囲気が油絵に及ぼす影響，保存科学，**9**，35-42，1972．
7) 黒坂五馬，コンクリートから発生するアンモニアの発生機構の研究，古文化財の科学，**37**，46-53，1992．
8) 小塩良次：新築美術館でのアルカリ汚染対策，古文化財の科学，**37**，54-59，1992．
9) 梶間智明，鈴木良延：コンクリートから発生するアルカリ物質の研究と除去対策，古文化財の科学，**37**，60-66，1992．
10) 佐野千絵，三浦定俊：「アルカリ因子」についての再考，保存科学，**30**，31-43，1991．
11) 佐野千絵：博物館・美術館等の空気汚染—研究の現状と課題—，文化財保存修復学会誌，**46**，123-131，2002．
12) E. W. FitzHugh and R. J. Gettens：Calclacite and Other Efflorescent Salts on Objects Stored in Wooden Museum Cases. Robert H. Brill (ed.)：Science and Archaeology. The MIT Press, pp. 91-102, 1971.
13) T. Padfield, D. Erhardt and W. Hopwood：Trouble in Store. Science and Technology in the Service of Conservation. Preprints of the Contributions to the Washington Congress, 3-9 September 1982. The International Institute for Conservation of Historic and Artistic Works (IIC), pp. 24-27, 1982.
14) 神庭信幸：国立歴史民俗博物館の保存環境に関する調査研究の活動報告，国立歴史民俗博物館研究報告，77，1999．
15) 東定理恵，小谷野匡子，米田美穂：仮設展示ケース内で起こった日本画の変色，文化財保存修復学会第20回大会講演要旨集，38-39，1998．
16) 佐野千絵：変色試験紙上に捕捉された化学種—陽イオン，陰イオンと有機酸—，保存科学，**38**，15-30，1999．
17) J. Tétreault, J. Sirois and E. Stamatopoulou：Study of Lead Corrosion in Acetic Acid Environment, *Stud. Conserv.*, **43**, pp. 17-32, 1998.
18) 佐野千絵：美術館・博物館の空気質の現状と望ましいレベル・対策，空気清浄，**38**-1，20-26，2000．
19) 早川泰弘，三浦定俊，田尻隆士：蛍光X線分析法による天正大判の表面変色に関する調査，文化財保存修復学会誌，**43**，96-105，1999．
20) 呂　俊民，佐野千絵，加藤和歳：内装材料の異なる収蔵庫の空気環境の比較，保存科学，**50**，91-99，2011．
21) W. A. Oddy：The Corrosion of Metals on Display. Conservation in Archaeology and the Applied Arts. Preprints of the Contributions to the Stockholm Congress, 2-6 June 1975. The International Institute for Conservation of Historic and Artistic Works (IIC), London, pp. 235-237, 1975.
22) 佐野千絵：コンクリートから発生するアルカリ性物質について—アンモニア濃度簡易判定の試み—，古文化財の科学，**37**，67-74，1992．
23) 佐野千絵，早川泰弘，三浦定俊：展示使用材料から発生する汚染物質とその対策〔事例報告〕—展示用ディスプレイと展示室改修の影響—，保存科学，**41**，89-98，2002．
24) B. M. Hooper, M. H. Garrett and M.A. Hooper：Nitrogen Dioxide in the Home Environment and Respiratory Health of School-Age Children, Proceedings of Indoor Air '96, 641-646, 1996.

25) 門倉武夫, 鈴木良延, 西当修作：文化財周辺気中の塵埃に関する研究 (2) ―走査電子顕微鏡, X線マイクロアナライザーによる銅板葺屋根の汚染物質の測定―, 保存科学, **18**, 19-26, 1979.
26) 三浦定俊：古美術を科学する, 廣済堂出版, 2001.
27) 門倉武夫：文化財環境の塵埃に関する研究 (1) ―奈良国立博物館に於ける収蔵庫, 陳列室, ケース内塵埃の調査―, 保存科学, **14**, 17-26, 1975.
28) 木川りか, 間渕 創, 佐野千絵：文化財のカビ―その性質とコントロール―, 文化財保存修復学会誌, **48**, 2004.
29) 呂 俊民ほか：空気清浄機運転時の室内空気質の解析, 第17回空気清浄とコンタミネーションコントロール大会, pp. 338-341, 1999.
30) 三浦定俊, 佐野千絵, 石川陸郎：新設博物館・美術館等における保存環境調査の実際, 月刊文化財, **355** (平成5年4月号), 34-42, 1993.
31) W. A. Oddy：An unsuspected danger in display, *Museums J.*, **73**, 27-28, 1973.
32) 辻野喜夫, 大平欽吾, 前田泰昭, 松本光弘, 神庭信幸, 湯浅 隆, 佐野千絵, 成瀬正和, 魚島純一, 宮 衛, 松田隆嗣：有機酸パッシブサンプリング法および博物館収蔵庫内における有機酸の挙動, 国立歴史民俗博物館研究報告, **97**.
33) 塚田全彦：国立西洋美術館における室内空気汚染調査・対策の事例, 文化財保存修復学会誌, **46**, 96-113, 2002.
34) 江本義理, 馬淵久夫, 見城敏子, 門倉武夫, 石川陸郎, 三浦定俊, 新井英夫, 黒坂五馬, 半澤重信：新設展示施設及び収蔵庫内の汚染現象と収納文化財への影響とその防除法, 文部省科学研究費特定研究「自然科学の手法による遺跡・古文化財等の研究 総括報告書」, 第7章, 544-556, 1980.
35) 佐野千絵, 大村佳子, 大澤知栄子, 三浦定俊：変色試験紙上に捕捉された化学種 (III) ―室内空気汚染物質の捕捉速度と限界, 保存科学, **41**, 83-88, 2002.
36) 呂 俊民, 古田嶋智子, 佐野千絵：展示ケース内有機酸濃度のギ酸/酢酸比, 保存科学, **53**, 205-213, 2014.
37) 呂 俊民, 石黒 武, 高野早代子, 神野真吾, 佐野千絵, 石崎武志：収蔵庫内の空気環境の酸性雰囲気に関する考察, 文化財保存修復学会誌, **47**, 37-47, 2002.
38) 佐野千絵：博物館等施設の室内空気汚染―酢酸・ギ酸濃度―, 保存科学, **38**, 23-29, 1999.
39) 佐野千絵, 小瀬戸恵美, 三浦定俊：博物館等施設の室内空気汚染―ホルムアルデヒドの庫内濃度―, 保存科学, **36**, 28-36, 1997.
40) コンクリートから発生するアルカリ性物質について (II) ―アマニ油および白緑のアンモニア暴露および実際の施設内での変化に関する電子スピン共鳴法による検討―, 古文化財の科学, **41**, 46-53, 1997.
41) 江本義理：文化財をまもる, アグネ技術センター, 1993.
42) S. C. Lee and M. L. Tse：Effectiveness of Commercial Air Cleaners on Indoor Air Pollutants, Proceedings of Indoor Air '96, 411-416, 1996.
43) 門倉武夫：文化財周辺気中の塵埃に関する研究 (3) ―塵埃粒子の組成―, 保存科学, **19**, 29-34, 1980.
45) 呂 俊民, 佐野千絵：文化財保存のための保管空間に影響するガス放散体の簡易試験法, 保存科学, **49**, 139-149, 2010.
46) 古田嶋智子, 呂 俊民, 佐野千絵：展示収蔵環境で用いられる内装材料の放散ガス試験法, 保存科学, **51**, 271-279, 2012.

47) 古田嶋智子，呂　俊民，林　良典，佐野千絵：展示収蔵環境に用いられる木質材料の放散ガス試験，保存科学，**52**，197-205，2013．
48) 呂　俊民，古田嶋智子，林　良典，佐野千絵：展示空間に用いるクロス材の放散ガスの測定と評価，保存科学，**52**，207-216，2013．
49) 呂　俊民，古田嶋智子，林　良典，須賀政晴，佐野千絵：試験用実大展示ケースを用いたケース内のガス清浄化と濃度予測，保存科学，**55**，125-138，2016．
50) 古田嶋智子，呂　俊民，林　良典，須賀政晴，佐野千絵：試験用実大展示ケースを用いたケース内ガス濃度の解析，保存科学，**54**，205-213，2015．
51) 佐野千絵，古田嶋智子，呂　俊民：有機酸放散量の多い展示ケース内の改善対策事例，保存科学，**52**，181-195，2013．
52) 佐野千絵，古田嶋智子，呂　俊民：展示ケース内有機酸の低減対策の評価法，保存科学，**53**，33-43，2014．
53) 佐野千絵，古田嶋智子，呂　俊民：展示ケース内有機酸濃度への展示台の寄与，保存科学，**55**，79-88，2016．
54) 鈴木良延，梶間智明：打ちたてコンクリートから発生するアルカリ物質の除去，日本建築学会大会学術講演梗概集，1985．

5

生　物

　生物には，大きく分けて「生産者」（独立栄養生物・無機栄養生物，autotrophs）と「消費者」（従属栄養生物・有機栄養生物，hetrotrophs）とがある．

　「生産者」型の生物とは，水やミネラルなど無機物の栄養があれば，光合成や化学反応などによって，自らエネルギー源となる炭水化物を生産できるものをいう．例としては，光合成生物の藻類，地衣類，下等・高等植物などや，無機物の化学反応からエネルギーを得る硫黄細菌，硝化細菌，鉄細菌などがある．このような生物が美術品などを加害する場合，その材質をエネルギー源として用いるというよりは，物理的に根などが侵入することによるダメージや，代謝産物で材質を傷める場合が多い．生産者型の生物は，多くの場合，その生育に十分な光と水分を要するので，屋外の美術品（石造彫刻など）に発生する例が多々みられる．

　「消費者」型の生物は，エネルギー源となる栄養を外界の有機物から摂取するものをさす．例としては，大部分の細菌やカビ，昆虫などである．これらの生物は，有機物でできている美術品を顕著に加害し，材質の分解を引き起こす．消費者型の生物の場合は，有機物からなる屋内の美術品（絵画，織物など）に発生する例が多い．

5.1　制　限　要　因[1,2]

　生物が増殖するには，それぞれに適した条件がある．生物の生育に重要な要因として，光，水分，温度，湿度，pH，栄養源（炭素源，窒素源など），塩濃度などがあり，それぞれの生物は，ある要因についてはある程度広い範囲で適応できても，他の要因に関しては，狭い範囲でしか増殖できない場合がある．このような制限要因（limiting factors）をうまく利用して，加害生物の増殖を制御するこ

とができる．屋外の場合は，制限要因をうまく制御するのが難しいが，屋内では制限要因を制御しやすいことが多い．

a. 栄　養　源[1,2]

美術品そのものが栄養源となる有機物を含む場合は多いが，それ以外にも，無機物の作品で手あかなどの有機物の汚れを栄養源として，加害生物が増殖する場合がある（例：ガラス作品上のカビなど）．栄養源のなかで，生物の増殖に多量に必要なものは炭水化物と窒素化合物，リン酸などである．屋外の文化財に飛来するハトなどの糞には，このような栄養分が豊富であり，その糞で汚染されると多くの微生物の繁殖を促す場合がある．そのほか，カリウム，カルシウム，マグネシウムなどがおもなミネラル分の栄養素として必要とされる．

b. 水　　分

水分は，多くの生物でその体重の 70～90% を占めるといわれており，すべての生物にとって欠くことのできない基本的なものである．ある種の生物は，比較的水分の少ない環境でも生存できることが知られているが，これは必ずしも活発に「増殖」できるという意味ではない．生存はかなり広い範囲で可能でも，活発に増殖できる水分量は，限られていることが多い．このことを利用して微生物等の増殖がコントロールできる例もある（例：カビを防ぐために，相対湿度を 60% 以下に保持する）．

紙や木材のような材質は，環境の相対湿度（RH）が増大すると，それに対応して周りの湿気を吸収し，水分を保持する性質をもっている．ある材質が生物に加害されやすいかどうかは，その化学組成だけでなく，水分保持能力も大きな要因の一つである．（例：無機物であっても多孔質のモルタルは，大理石よりも微生物の被害を受けやすかったという報告がある．）

c. 光

光は，すべての光合成生物のエネルギー源である．光合成生物の生育を抑えるために，光合成色素であるクロロフィルが吸収しないような可視光領域（緑）の波長を用いることがある．しかし，フィコシアニンなどの他の色素も補助的に有する藻類の場合は，これらの色素がクロロフィルとは違う波長の光を吸収して光合成を行うことが知られている[1]．したがって，可視光のなかには，すべての光合成生物の生長を完全に阻害する波長領域はない．カビや害虫などの多くの従属栄養生物では，むしろ光を避けるものもある．

5.2 生物被害をもたらす生物

　文化財を劣化させる要因のなかで，生物被害は，地震，火事，洪水などに比べると規模は小さいが，日常的要因のなかでは最もすみやかに大きな被害をもたらす．美術品等に被害を及ぼすおもな生物は，バクテリア（細菌），カビ，藻類，地衣類，コケ，樹木，昆虫，鳥類（ハトなど），哺乳類（ネズミ，コウモリ，サルなど）等である．このうち，博物館などの屋内環境で通常問題になるのは，カビ，昆虫，ネズミなどである．そのほかは，おもに水分や光が十分に供給される屋外環境においてみられる．

　はじめに述べたように，有機物の素材（紙，木，織物，皮革など）からなるもの，すなわち，紙，絵絹，キャンバスなどに書かれた絵画，木彫像，書籍等は，特に高分子の有機物を分解する「従属栄養生物」（カビや昆虫など）に加害される．これに対して，無機物の素材からなるもの，例えば屋外の石造文化財などは，もともと素材の有機物が少ないため，「独立栄養生物」（藻類，地衣類，コケなど）が繁殖することが多い．しかし，これらが繁殖すれば有機物が豊富になるため，従属栄養生物が同じ場所に生育するようになる．

　被害には，美術品等を「食物」とする場合と，営巣，生長などにより物理的に侵食したり，汚損したりする場合がある．まず物理的な被害として，カビの菌糸や植物の根などが材質に食い込むことによって，機械的な劣化が起きる．表面の摩滅だけではなく，絵画にカビなどが生えた場合，絵の具層が脆くなり，剥落してくる例も少なくない．地衣類やコケなどが石造文化財についた場合も同様である．このほか，昆虫は，純粋に有機物の素材を食害することによって，穴をあけたり表面をかじりとったりという被害を及ぼす．

　被害には材質の分解や変質などの化学反応を伴う場合もある．素材の高分子有機化合物をエネルギー源として利用するときに，分子量の小さな化合物（糖，アミノ酸など）に分解したり，代謝過程で酸（炭酸，酢酸，乳酸，酪酸など）や色素を生産したりして，着色によるしみを作ったりする．有機物だけでなく，金属製品でも，微生物の出す酸などの代謝産物によって，さびが生じる場合もある．

　生物は酵素を出して種々の高分子有機化合物を分解する．「従属栄養生物」は，多くの種類の酵素をもっており，材質のなかのタンパク質やセルロース，リグニ

表 5.1 生物による材質の変質

	木　材	紙	織　物
バクテリア	物理的な性質を変化させることがある	しみ，物理的に脆くしたり，フェルト状に変化させる	しみ，変色，強度の減少
カ　ビ	しみ，木部の変色，軟化，割れ，その他，物理的性質を変化させる	しみ，変色，物理的に脆くしたりと変化させる	しみ，変色，強度の減少
シアノバクテリア（藍藻），緑藻など	さまざまな色の古色（おもには緑色）	—	古色
地衣類	硬い外皮状の構造による斑点，まだらが生じる	—	—
コケ類	緑-灰色の葉状体が生じる	—	—
昆虫類	侵食，穿孔（トンネルや穴をあけ食害）	表面をかじりとる，侵食，穿孔（トンネルや穴をあけ食害）	侵食，穴，食害による部分の喪失

Caneva, Nugari and Salvadori (1991) を参考に作成.

ンなどを分解し，アミノ酸，単糖などの低分子成分に変化させ，生物が吸収できる形に変化させる．

無機物に対する被害例としては，炭酸や微生物が生産する有機酸によって，大理石，漆喰などに含まれる炭酸カルシウムが溶解される例がある．また，そのような有機酸のなかでシュウ酸，クエン酸，フマル酸などは，金属イオンをキレートし，金属の溶解にかかわる場合もある[1,2]．地衣類は，いわゆる「地衣酸」と呼ばれる酸を生産し，これもキレート剤になるものがあるために，無機物の溶解に関与する[1,2]．

表5.1に，材質ごとに，これらの生物が及ぼす被害のおもな症状をまとめた．

5.2.1 屋内環境で加害するおもな生物
a. 昆虫（文化財害虫）[3~5]

昆虫の種類はきわめて多く，命名されていないものを含めると約300万〜500万種ともいわれる．しかし，加害している害虫の見当をつけ，適切な防除対策を講ずるためには文化財の主要害虫の概要をつかんでおくことが重要で，主要なものについて覚えておくと，被害を発見したときの対応がスムーズになる．

文化財を食害するほか，営巣したり，糞，泥などで汚染する昆虫は，分類学

上，以下の9目に属している．

- シミ目：ヤマトシミ，セイヨウシミなど
- ゴキブリ目：ヤマトゴキブリ，チャバネゴキブリなど
- シロアリ目：ヤマトシロアリ，イエシロアリなど
- バッタ目：カマドウマなど
- チャタテムシ目：ヒラタチャタテなど
- コウチュウ目：カツオブシムシ，ヒラタキクイムシ，シバンムシ類など
- ハチ目：クマバチ，クロクサアリ，キゴシジガバチなど
- ハエ目：イエバエなど
- チョウ目：イガ，コイガなど

表5.2に，文化財の材質ごとに加害する主要な害虫をまとめた．

表 5.2 文化財の材質による主要害虫一覧表

植物質害虫	木材	建造物・大型文化財 　ミゾガシラシロアリ科*，レイビシロアリ科*，シバンムシ科，ヒラタキクイムシ科，カミキリムシ科，ゾウムシ科，オサゾウムシ科，ナガシンクイムシ科*，キクイムシ科，タマムシ科，アリ科*，コシブトハナバチ科*など 木彫仏像・屏風，その他小型文化財 　シバンムシ科，ミゾガシラシロアリ科*，レイビシロアリ科*，ゴキブリ科*，チャバネゴキブリ科*，コシブトハナバチ科*など
	竹材	ヒラタキクイムシ科，ナガシンクイムシ科*，ミゾガシラシロアリ科*，レイビシロアリ科*，オサゾウムシ科，カミキリムシ科など
	紙	シバンムシ科，シミ科*，ゴキブリ科*，チャバネゴキブリ科*，コナチャタテ科*，アリ科*，ミゾガシラシロアリ科*，コチャタテ科*など
	綿・麻	ミゾガシラシロアリ科*，シミ科*，ゴキブリ科*，チャバネゴキブリ科*，ヒロズコガ科など
	畳	シバンムシ科，ナガシンクイムシ科*，ミゾガシラシロアリ科*，シミ科など
	乾燥植物（薬草・染料植物など）	シバンムシ科，ヒョウホンムシ科，カツオブシムシ科，シミ科，コナチャタテ科*，コチャタテ科*，ヒロズコガ科など
動物質害虫	羊皮紙・毛皮	カツオブシムシ科，ゴキブリ科*，チャバネゴキブリ科*，ヒロズコガ科など
	毛織物	ヒロズコガ科，カツオブシムシ科，シミ科などに属する昆虫
	絹	ゴキブリ科*，チャバネゴキブリ科*，シミ科*，カツオブシムシ科，ヒロズコガ科など
	動物標本	カツオブシムシ科，ゴキブリ科*，チャバネゴキブリ科*，ヒョウホンムシ科，コナチャタテ科*，コチャタテ科*，シバンムシ科，ヒロズコガ科，アリ科*，シミ科など
その他の害虫	文化財を汚染するもの	ミゾガシラシロアリ科*，ゴキブリ科*，チャバネゴキブリ科*，シミ科*，イエバエ科*，ヒメイエバエ科*，アナバチ科*，ドロバチ科*など

＊の付いたものは，成虫も加害する．
文化財害虫事典（2004）[3]を参考に作成．

文化財害虫には，キクイムシのように，文化財の材質のなかでその一生のほとんどを過ごすもののほか，ゴキブリやシミのように文化財の外部で過ごすものがあり，その対策はおのずと違ってくる．

b. カ ビ

カビは，真核生物である真菌類が菌糸状になっているときの一般的な呼称である．菌糸は細胞壁をもち，まわりの環境から栄養を吸収する．概してカビは，いろいろな色のしみをつけ，また代謝の過程でさまざまな有機酸を放出し，資料の汚損につながる．屋内環境における微生物被害では，圧倒的にカビによるものが多い．これは，カビが，そのほかの微生物よりも低い含水率において，対象物を加害できるからである．

さまざまな種類のカビが資料を加害するが，博物館環境では，特に好乾性の子嚢菌類，不完全菌類などによる被害例が多い．特に，好乾性のアスペルギルス属，ペニシリウム属などは，含水率7〜8％程度の紙類や，相対湿度およそ65％の環境でも，ゆっくりとではあるが生育することができるため，博物館資料でよく加害の例がみられる．

カビの胞子は，空気の流れにのって運ばれ，あらゆる場所に付着する．胞子の大きさは，1〜200 μmほどである．カビの胞子はどこにでも存在し，適度の水分と栄養分があれば発芽して菌糸のかたまりとなり，ふたたび胞子を生産する[6]．

一般に，相対湿度60％以下の環境では生育できるカビはないとされている．したがって，カビの発生をなくすためには，相対湿度60％以下の環境に維持することが有効である．図5.1に，環境の相対湿度と，カビの発生する日数との関係を示した．これによると，栄養分が豊富な素材の場合，室温においては，100％の相対湿度ではおよそ2日間でカビが発生する可能性があり，90％では，約1週間以内に発生する可能性がある．また，80％では，およそ2週間以内，70％では3ヶ月，そして65％では，およそ3年以内に発生する可能性があるという実験結果を示している．したがって，環境の相対湿度が，高ければ高いほど，カビの発生までの期間は短くなるということがいえる．

c. ネ ズ ミ[8]

屋内に出現しうる大型の害獣で最も一般的なものはネズミである．ネズミは文化財をかじったり，毛や排泄物で汚すほか，ヒトに感染する病気を媒介する．また，ノミやシラミ，ダニといった寄生生物も問題となる．秋から冬にかけて屋内

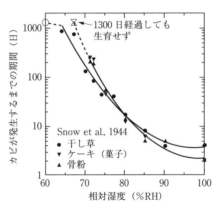

図 5.1 相対湿度とカビが発生するまでの日数[7]

に侵入することが多く，侵入したあとに餌があれば，被害が拡大する．

5.2.2 屋外環境で加害するおもな生物
a. 木材腐朽菌など
屋外環境におかれた木材，木製の建造物などは，含水率（moisture content）によって大きく被害のうけ方が変わる．含水率が 20% 以上になると，一般的に微生物の加害が始まり，30% になると多くの菌類の生育に良好な条件となる．

i) 白色腐朽（white rot）

担子菌類（木材腐朽菌）の白色腐朽菌によって，木材成分のセルロースとリグニンその他が分解される結果，木材は白っぽくなり，軽くなる．

ii) 褐色腐朽（brown rot）

担子菌類（木材腐朽菌）の褐色腐朽菌によって，木材成分のセルロースと多糖類成分のみが分解され，褐色のリグニンが残る．その結果，木材は褐色になり，典型的なキューブ状のクラックが生じる．

iii) 軟腐朽（soft rot），しみ（staining）

子嚢菌や不完全菌類などは，いわゆる木材腐朽菌ではないが，出土木材など，高含水率材の表面に発生して，木材の表層が軟らかくなる．しかし，木材の内部は比較的健全な状態を保っている．また，カビなどが生産する色素や，褐色の菌糸をもった菌類によって着色する現象で，よくみられる被害ではあるが，木材の強度等には顕著な影響はない．

b. 藻　　　類[1,2]

屋外の石造文化財の表面には，よくシアノバクテリア（藍藻）や緑藻が繁茂している例がみられる．これらは，光と水と無機化合物があれば生育が可能であるので，多くの場合，石材の上に最初に生育する生物種となる．

シアノバクテリアは，多少厚みのあるゲル状のさやに包まれていることもあり，水を長期間保持することができる．したがって，多少石材の表面が乾くことがあっても，死なずに持ちこたえることができる．色はさまざまで，光がよく当たり比較的乾いた場所では，灰色や黒っぽく見えることも珍しくない．緑色，灰色，黒のほかに，黄色，オレンジ，紫，赤といった色調になることもある．

c. 地　衣　類[1,2]

地衣類は，菌類と藻類の共生体であり，藻類とともに，屋外の石造材質に最初にコロニーを形成するパイオニア的な生物体である．地衣類は，葉状体が物理的に収縮，膨張することによって，物理的な力をかけ，石材を傷める．また，シュウ酸や，いわゆる地衣酸と呼ばれる地衣類が生産する有機酸を放出することにより，化学的な反応によって石材を傷める．

d. その他のバクテリア，カビ[1,2]

硫黄細菌などをはじめとする多くのバクテリアが，石材を劣化させる作用をもつことがこれまでに実験的に示されている．また，一般的なバクテリアも，カルシウム，銅，ニッケル，マンガンなどのイオンをキレートする有機酸を出すことによって，岩石の成分を水に溶解させることが知られている．しかし，屋外で起きているこれらの微生物の作用を，雨水による劣化や環境物質による化学的劣化と区別することは，一般的には難しい．

硫化水素を産生するバクテリアが存在する場合は，壁画などの鉛顔料の変色を起こした例も報告されている．土中環境など，相対湿度が 90～100％ と高い場所では，古墳などの壁画面に放線菌が発生することもある．

また，他の生物の生産する有機物がカビの栄養になった結果，石材などの上にカビが発生する例も多い．カビが生えたのち，黒くなる場合も多く，この汚れを除去するのは一般に困難である．漆喰などに描かれた壁画の場合，菌糸は漆喰の内部に深く侵入することが多く（約 10 mm 以上），その結果，接着力を弱くして彩色層の剥離をひき起こす．

e. 下等／高等植物

建物や遺跡などにおいては，植物の根が及ぼす物理的被害は大きい．根の伸長によって，古墳や遺跡などの地下構造に悪影響が及ぶ場合もある．

f. 昆　　虫

建造物や屋外の木製品，竹製品は，シロアリ，シバンムシ，ナガシンクイムシ，キバチ，ドロバチなどにより容易に加害される．

g. 害獣，鳥

屋外では，ハトのような鳥類は石造文化財に大きな害を与える．糞などによる汚染によって，美的に損なわれるだけでなく，それに含まれる酸性物質による腐食や，窒素化合物の供給によって微生物の格好の栄養源となる．

5.3 生物被害の防止

5.3.1 総合的有害生物管理：IPM

生物被害を防止するためには，被害が起きないように予防することが第一であるが，文化財材質のなかに害虫の食物となるものがある以上，湿度を下げるといった微少環境のコントロールだけでは十分ではない．したがって，根本的な侵入の防止，清潔な環境づくり，発生のモニタリングに加えて，適切な殺虫法を組み合わせ，被害防止のためのシステムを作る必要がある．

わが国では，1960年代より30年ほどの間にわたって，臭化メチルと酸化エチレンの混合ガスが，文化財の殺虫・殺菌の目的で使用されてきたが，臭化メチルはオゾン層破壊物質であることから，モントリオール議定書締約国会議において，先進国では臭化メチルの一般用途の生産・消費を2004年末で全廃することが決定された．さらに，臭化メチルは，青焼き文書など一部の材質と反応して異臭を発するなどの問題，また酸化エチレンについては，発がん性がクローズアップされるなど，世界各地で大規模燻蒸に対する問題意識が1990年代の初めから急速に高まった．われわれをとりまく地球環境や人体への影響を考えると，今後の文化財生物被害対策は，これまでのようにいわゆる大規模燻蒸一辺倒では，もはややっていけない時代である．

一方近年，文化財保存の全般にわたり，予防的保存（preventive conservation）

を旨とする「基本的保存のための体制」の考え方がより系統的に見直され,「問題が起こってからの対処」ではなく,「問題を予測し,予防する」方向に大きく動いている.生物被害対策では,総合的有害生物管理(integrated pest management：IPM)という考え方が,まさに予防的保存の一環として,1990年代から文化財分野でも世界中で検討され,現場に応用され始めている.

a. IPMの基本理念[9~11]

IPMは農業の分野で誕生した新しい生物被害(害虫)コントロールの方法で,最大の特色は多量の化学薬品(殺虫剤)を使うことだけに頼らないという点にある.1950年代以降の,殺虫剤などを多量に使う方法が引き起こした,種々の生物に対する毒性や耐性害虫の出現など,深刻な問題への反省を引き金として,「農業」を基本的に見直そうとした理念である.

IPMの定義と三つの基本概念(key concept)は以下のようなものである.
定義：「あらゆる適切な防除手段を相互に矛盾しない形で使用し,害虫密度を経済的被害許容水準以下に減少させ,かつ低いレベルに維持するための害虫個体群管理システム」(FAO, 1965)
基本概念：① 複数の防除法の合理的統合
　　　　　② 害虫密度を経済的被害許容水準以下に減少させること
　　　　　③ 害虫個体群のシステム管理

IPMの基本概念には,これまでの防除法と根本的に異なる次のような考え方が含まれている.すなわち,①の「複数の防除法の合理的統合」は,単独では防除効果が劣る場合でも,適切なほかの防除法と組み合わせることによって,防除が可能になることを意味している.

IPMでは,自然制御要因のはたらきをとりわけ重視し,化学的防除法などは,その不足分を補うかたちで付け加えられる.そのような観点から前者を基幹的防除法(fundamental tactics),後者を副次的防除法(subsidiary tactics)ということもあるが,これは二つのグループの防除法の重要度の程度で言い分けているのではなく,役割分担の仕方を示している.IPMにとってはいずれも必要不可欠である.

文化財保存の場合にも,保存における基本的な姿勢が問い直されている.例えば,虫害を防ぐことを目的に,過去にヒ素や塩化水銀,DDTなど種々の有害な薬品で処置された文化財は,現在,博物館で職員が直接触れることもできず,そ

の毒性が深刻な問題として認識され始めている．

博物館・美術館・図書館等におけるIPMの基本概念を考えるとすれば，次のようになるだろう[10, 11]．

「博物館・美術館・資料館・図書館・文書館などの建物において考えられる有効で適切な技術を合理的に組み合わせて使用し，展示室，収蔵庫，書庫など資料のある場所では，文化財害虫がいないことと，カビによる目にみえる被害がないことを目指して，建物内の有害生物を制御し，その水準を維持する．」

博物館・美術館・図書館等におけるIPMでは，「基本的保存のための体制」すなわち予防的保存のはたらきを重視し，化学的防除法などはそれを補うかたちで付け加えられるものでなければならない．このような観点から考えれば，基幹的防除法はゆきとどいた清掃などを含む「基本的保存のための体制」および公衆衛生であり，副次的防除法は従来の燻蒸法を含む種々の対処法ということになろう（図5.2）．もちろん農業の場合と同様，これは役割分担のしかたをいっているのであり，IPMには両方とも必要不可欠の防除法である．一部に「IPMにおいては薬剤は使ってはいけない」という，間違った認識があるようであるが，必要な場合には基幹的防除法とあわせて，合理的に薬剤を使用することも大切な対策であるので，誤解がないようにしたい．これからの生物被害防止においては，全体の管理計画をたてて，まず被害の予防に取り組むとともに，対処法についても選択肢のなかから資料の材質や種類によって，最も適切かつ有効な手段を使い分けることが重要となる．したがって，文化財の保存に関わる担当者が，文化財へ被害を与える生物の特徴や，対処法についての正しい情報，知識をもって，資料に対してより安全かつ有効な方法を選ぶ力がますます必要とされている．

また，博物館・美術館・図書館等におけるIPMにおいては，「文化財」のみを被害の対象とすべきではない．「人（来館者，職員）」，「設備等」をも対象とし，従来行われている公衆衛生上の防除や，植栽管理上の防除等，すべてを合理的に組み直す必要がある．

b. IPMの最初のステップ[10~12]

実際に博物館，美術館，図書館等の現場でIPMに基づく管理プログラムを作成するにあたって，最初のステップとなるのは，次の二つである．

（1）現状を分析し，問題点を洗い出す．最も緊急性が高く，かつ着手できる問題は何かを考え，取り組みの優先順位をつけていく．

5.3 生物被害の防止

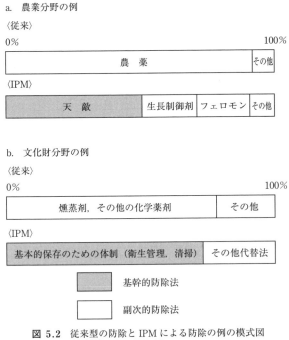

図 5.2 従来型の防除と IPM による防除の例の模式図
(文献[10] より一部改変)

IPM においては,実はこの部分が最も重要であり,IPM は情報分析に基づいた層状のアプローチといわれるゆえんである.完全な効果が得られる一つの方法がない場合でも,ほかの方法も組み合わせ,効力を補い合えるようにする.

(2) IPM の責任者となるスタッフを決める.大きな施設では,「対策委員会」が設置されているところもある.

c. 生物被害管理プログラムにおける5段階のコントロール[12,13]

ここでは,生物被害の段階的なコントロールについて,カナダ保存研究所(Canadian Conservation Institute：CCI)で作成された枠組み[12,13]を参考に紹介する.この五つの段階の順序には,意味があり,前の段階がうまくいっていないと,後の段階の対応がより困難になる階層構造になっている.例えば,害虫の餌になるものが放置され,また害虫がいくらでも侵入するような状況では,いくらトラップ調査により発見の努力を行ったところで,労力だけが費やされる,という具合である.

[1] Avoid（虫・カビなどを誘うものの回避）

効果的な清掃とクリーニングが基本である．

［2］ Block（遮断）

害虫などが侵入するルートの遮断．

［3］ Detect（発見）

早期発見が重要，またその記録は不可欠である．

［4］ Respond（対処）

収蔵品に安全な方法をとる．

［5］ Recover/Treat（復帰）

安全な収蔵空間に作品を戻して復帰する．

最初の点検調査の段階では，まず，基盤となる Avoid と Block の段階について，十分な検討を行うことになる．この基盤をまずひとつひとつ積み上げていくことが，回り道のようでもいちばんの近道である．この地味にみえる部分が，実は文化財分野における IPM の基幹的防除法にあたる部分で，この部分の重要性をきちんと理解して対策を行わなければ，第三，第四の段階のための労力が多大になるばかりでなく，効果があがらない結果となる．

IPM の活動において最も大切なことは，衛生管理（sanitation）であり，これが対策のなかで占める割合が 7～9 割といっても過言ではない．予防のためには，環境条件を生物の生育に不適当な状況にし，餌となるものをできる限りなくして生物の生育を阻害したり，生育速度を非常に遅くしたりする．特に屋内では，最初に述べた水分（相対湿度，資料の含水率），温度，光，栄養分などの制限要因（limiting factor）を利用することが効果的である．

カビなどの微生物被害を防ぐには，湿度の制御と埃や汚れなどの除去が最も効果的である．カビは，相対湿度 65% 以上の環境になるとよく生育するので，確実にカビの発生を予防するためには，相対湿度を 60% 以下に保つことが重要である．また，水分を防ぐという意味では，結露や水もれなどが展示収蔵環境で起きないよう，細心の注意が必要である．具体的には，結露を避けるため，外壁の裏側にものを置かない，床面に直接ものを置かない，収納棚のいちばん下の棚は床面から最低 10 cm は上げる，空気のよどみが起きないよう空気循環を確保する，などのことに注意する．また温度も，生物の生育を遅くするという意味では，低いほうが望ましい．ただし，低温のエリアが高い温度のエリアと隣接すると，結露が生じることがあるので注意する．

5.3 生物被害の防止

害虫やネズミについては，侵入の防止，清潔な環境づくりが必須かつ，最も有効な対策となる[8]．例えばネズミについては，5 mm 以下の開口部からは侵入できないため，開口部に 5〜6 mm の金属のメッシュをかけると，侵入の防止に非常に有効である[12]．

この基礎のうえに立って IPM を実行していくなかで，Detect, Respond, Recover という段階を，さらに考えていくことになる．Detect（発見）と Respond（対処）は，互いに対になる活動であり，Recover（復帰）の過程は対策がうまくはたらいているかを見直す段階でもある．IPM プログラムの実践の具体例については，他の参考文献等[14]を参照されたい．

5.3.2 段階（レベル）別コントロールと IPM ゾーンの考え方
a. 屋外環境から屋内環境への段階（レベル）別コントロール

屋外環境の場合，文化財をとりまく環境要因を完全にコントロールすることは，まず不可能である．しかし，原始的ではあるが，例えば覆屋を作って雨よけをつける，側溝をつけて水はけをよくする，植栽の場所を遠くする，など環境を整備することによって，劣化速度を遅くすることはできる．また屋内環境であっても，空調設備がなく環境の制御が難しい場所においても，文化財の劣化速度を遅くするための，その環境条件の段階（レベル）に応じた方策はある．文化財をとりまく環境を，屋外環境から文化財保存用にデザインされた建物まで順に7段階（表 5.3）に分けて，それぞれの段階別に可能な対策をまとめたものが，「レベルコントロール」の考え方である．詳しくは，他の文献[13, 15]を参照されたい．

b. IPM ゾーンによる管理[16]

また，屋内環境においても，収蔵庫や展示室など，文化財を保管・展示する環境と，そのほかのエリアに分けて，管理仕方に差をつけて合理的に IPM を実施

表 5.3 文化財をとりまく環境条件の段階（レベル）

0	屋外環境
1	屋根，覆いがある（覆屋など）
2	屋根，壁がある（物置など）
3	住める環境であるが，空調はない（歴史的建造物など）
4	一般的な建物
5	一般的な美術館，博物館，図書館等の建物
6	保存環境に特別に配慮して建築された文化財保存施設

するようにした,「IPM ゾーン管理」の考え方[16]もある.建物全体を均質に管理するのは不可能なので,この考え方に基づいた IPM プログラムが近年威力を発揮している.

5.4 生物被害への対処法

生物被害のプログラムにおける5段階のコントロールの Respond, Recover に相当する.対処法は大きな管理プログラムの枠組みのなかで考慮されるべきものであるが,以下では,現在文化財分野での生物被害への対処法として行われている方法のうち,おもに屋内環境における対処法のいくつかを簡単に解説する.

5.4.1 カビへの対処法[6]

カビの被害が起きたときは,他の文化財に被害が移らないように隔離したうえ,環境の水分の除去・および環境の湿度を下げることが重要である.カビの処置には,対象となる文化財の材質的に問題がなければ,燻蒸剤やエタノールなどを用いる場合もある.風乾した場合も,なんらかの処置を行った場合も,最終的にはカビの除去が必要となる.

しかし,カビはアレルギーの原因になるほか,種類によっては感染症を引き起こしたり,人体に毒性のある物質(マイコトキシン)を産生したりするものがある.殺菌燻蒸をした後でも,アレルギーやマイコトキシンによる健康被害は起きるので,カビの生えた資料を扱うときには,体内へ取り込まないよう性能の高いマスクや作業着を着用するなど,十分に安全対策を講じることが不可欠である.

a. 殺菌燻蒸剤[3,6]

殺菌燻蒸剤の酸化エチレン,酸化プロピレン等は,殺菌が必要なときに有効であるが,発がん性があるため,取扱いには十分な注意を要する.

b. 殺 菌 剤[3,6]

燻蒸ができない場合や,比較的軽い被害の場合などの場合に,現場で使用される,あるいはかつてよく使用されていた薬剤を表5.4に示した.エタノールの場合は,およそ70%の消毒用エタノールが殺菌効果が高いが,水分が材質に悪影響を及ぼす場合には,無水エタノールで代用してもある程度の殺菌が可能であ

5.4 生物被害への対処法

表 5.4 殺菌剤について

薬 剤	材質への影響	殺菌効果	防カビ効果	人体への安全性	備 考
エタノール(70%)	材質によっては変形,変色,色落ち	○	—	△	●文化財の防カビ剤としては通常使用しない ●可燃性に注意 ●使用時は,換気に注意
パラホルムアルデヒド	金属の一部にさび,顔料の一部に変色	○	○	×	●目,粘膜などでの刺激性があるほか,発がん性が疑われており,取り扱いに注意が必要
チモール	樹脂を軟化	△	△	△	●独特の臭気がつく ●殺菌効果はあまり高くない

○:高い △:場合によっては低い ×:低い,あるいはまったくなし
文化財害虫事典 (2001)[2) をもとに改変 (2016 年 1 月現在)

る．いずれも，材質によっては変質，色落ちなどを引き起こす場合があるので，必ず似た材質で影響の有無を確かめ，安全性を確認してから使用する．パラホルムアルデヒドは殺菌力が強く，以前はよく使用されていた．しかし，発がん性が疑われており，溶液のホルマリンは特定化学物質第 2 類に該当するほか，ホルムアルデヒドは劇物にあたるため，取扱いには法的な規制がある．また，金属や顔料，染料等の一部に影響があるので[17)，事実上，使用が難しい状況にある．チモールについては，殺菌力はあまり強くないという指摘があり，また，樹脂等を軟化させる性質や特有の臭気から，あまり利用されなくなってきている[18)．

5.4.2 文化財害虫—特に「文化財内部に生息する昆虫」への対処法

文化財害虫のなかには，その一生のほとんどを文化財の内部で過ごすグループがある．こういった「文化財内部に生息する昆虫」が文化財を加害している場合には，文化財ごと対処を行うことになるため，文化財に直接適用できる方法を選択する．薬剤を使用しない方法として，低酸素濃度処理や炭酸ガス処理，低温処理などがあり，薬剤を使用する方法として，燻蒸処理や蒸散性薬剤などの使用がある．

a. 薬剤を使用しない方法

環境や人体への問題や文化財材質への影響を考慮し，世界的に害虫対処の際に毒性の強い薬剤をできるだけ使用しない方向へと進みつつある．現在，文化財を対象とした方法で，実用化段階に入ってきた代表的な方法を，表 5.5 に示した．

表 5.5　薬剤を用いない殺虫法について

処理	適した用途	材質への影響	殺虫効果	殺菌効果	人体への安全性	処理期間	対象
低酸素濃度処理（窒素，アルゴンなどの不活性ガス）	全般（ただし，プルシアンブルーを含む染料が使用されたものを除く）	ほとんど影響しないが，一部の染料は可逆的に変化する可能性	○〜△ 木材深部などに適用しにくい対象あり	×	○〜△ 酸素濃度が18％以下になると危険	数週間（表5.6参照）	文化財
低酸素濃度処理（脱酸素剤）	全般（ただし，プルシアンブルーを含む染料が使用されたものを除く）	脱酸素剤は文化財に適したものを使用する．一部の染料は可逆的に変化する可能性	○〜△ 木材深部などに適用しにくい対象あり	×	○	数週間（表5.6参照）	文化財
二酸化炭素処理	民具（衣装，木製品，わら製品，竹製品など），書籍・彩色のない文書類	高湿度時，一部の金属（鉛），鉛系顔料粉体に変色．梱包材などプラスチックフォームの一部で収縮がある．	○〜△ カミキリムシなど一部の大型木材害虫は耐性が強い	×	△ 二酸化炭素濃度が1.5％以上になると危険	25℃, 2週間（表5.6参照）	一部の文化財
低温処理（−20〜−40℃）	書籍・古文書，毛皮・織物の一部，動植物標本，木製品（単体）	一般に左記以外は適用困難	○	×	○	−30℃で5日程度，−20℃で2週間程度	一部の文化財
高温処理（50〜60℃）	建造物，木製品，乾燥植物標本，資材など	一般に，左記以外はあまり適用されない	○	△（胞子は生存）	○	数時間〜1日以内	一部の文化財，資材など

○：高い　△：場合によっては低い　×：低い，あるいはまったくなし
文化財害虫事典（2001）をもとに改変（2015年10月現在）

これらの方法は，いずれも殺菌効果はなく，殺虫を目的としたものである．ガス燻蒸より一般に処理期間が長いが，安全面でのメリットは大きい．しかしながら，低酸素濃度環境や二酸化炭素を用いる作業は不備があれば人命にかかわるため，処理時は室内環境の酸素濃度，二酸化炭素濃度をモニターし，安全を確保することが必須である．

i)　低酸素濃度処理[19〜22]

酸欠状態で害虫を致死させる方法である．一般的に密閉空間内の酸素濃度を0.1％容量未満にまで下げて実施する．0.1％容量未満の酸素濃度ではカビの生

育も抑制されるが,殺菌はできない.人体や環境に安全であり,収蔵品にも安全性が高い.ただし,プルシアンブルーなど,一部の染料は低酸素濃度環境で可逆的に色が変わる場合があるという報告もある[23,24]ため,このような染料が使用されている作品への適用については注意する必要がある.

一方,処理時間が長く,十分な気密性が必要なため広域の被害には適用しづらい.処理期間については,一般的に数週間を要する(表5.6).

ii) 二酸化炭素処理[22,26]

高濃度(約60～80％容量)の二酸化炭素の毒性により,害虫を致死させる方法である.低酸素濃度処理ほど高度な気密性が要求されないので,従来の燻蒸用テントに類似の二酸化炭素バリア性をもたせたシートが使用でき,殺虫に必要なガス濃度が,より簡単にまた安価に達成できる.25℃で2週間の処理を行うのが一般的である(表5.6).民俗資料などによくみられるわら製品,竹製品,彩色のない木製品などには,ほとんど問題なく使用できると考えられるが,高湿度環境では鉛丹,鉛白のような鉛系の顔料や金属の鉛に変色などの影響があるという研究結果[27]があるため,これらの材質を含む文化財への適用は避けたほうが

表 5.6 文化財害虫の耐性によるグループ分けと処理仕様[22,25]

	害虫名	低酸素濃度処理仕様 O_2 0.1％未満	二酸化炭素処理仕様 CO_2 60％ vol.
グループ A	タバコシバンムシ ジンサンシバンムシ ケブカシバンムシ フルホンシバンムシ ヒラタキクイムシ	30℃,3週間 または 27.5℃,4週間 または 25℃,5週間 または 20℃,10週間	25℃,2週間
グループ B	ヒメカツオブシムシ ヒメマルカツオブシムシ アメリカカンザイシロアリ ワモンゴキブリ	30℃,1週間 または 25℃,2週間 または 20℃,4週間	25℃,1週間
グループ C	チャバネゴキブリ コイガ ヤマトシロアリ イガ ヤマトシミ マダラシミ	25℃,1週間 または 20℃,4週間	25℃,1週間

無難である．また，梱包材として使用されるプラスチックフォームのなかには，二酸化炭素処理で体積が縮むものもあるので，梱包材の処理には注意する．カミキリムシのような大型の木材害虫では耐性が非常に強いものがあるので，フッ化スルフリルによる燻蒸や低温処理，高温処理など，他の方法を用いる．

iii) 低温処理[28〜30]

欧米等ではすでにかなり普及している．殺虫効果は高く，人体・環境にも無害である．その一方で，一般に急激な温度変化・湿度変化にさらされるため，適用できる材質は限られる．$-40〜-20℃$ で処理するのが一般的で，$-30℃$ であれば5日間，$-20℃$ であれば2週間をめやすとする．カビの殺菌はできない．

一般に紙，布，木材の単一な材料でできた作品におもに利用され，文書などの書籍類，一部の布地類，皮革製品，動植物標本などに使用実績がある．材質によっては使用できないものもあり，$-30℃$ 以下の低温によってガラス状に変化する油膜やアクリルを含む油彩画，アクリル画の類には不適当である．また，相対湿度の変化に弱い写真，象牙，漆製品なども一般には処理が難しい．また複数の材質からなる工芸品の類，表面に塗膜があるもの，厚い彩色層のあるもの，繊細・脆弱なもの，出土木材のように含水率の高いものについても，ひずみ，割れ，剥落などを起こす危険性があるため，一般に処理は避ける．

iv) 高温処理[13, 28, 30]

高温処理は，処理対象の乾燥を防ぎながら，約 $55〜60℃$ で処理する方法である．殺虫法としては，きわめて速効性のある方法である．しかし，$55〜60℃$ の温度にさらすため，適用できる材質はかなり限定される．文化財そのものの処理例としては，乾燥植物標本や木製品の一部，建造物などがある．ただし，高温により軟化するワックスや樹脂が使用してあるものには使えない．またニスや膠も変性するので，むしろ収蔵庫で使用する収納箱や布団などに利用するとよい方法ともいえる．

処理温度が $55〜60℃$ の場合，殺虫自体に要する時間は処理対象物の中心部の温度が目的の温度に到達してから1〜数時間程度であり，一般的な大きさの作品の場合には1日以内で処理が可能であることが多く，その殺虫効果も良好であるとされている．ただし，カビの胞子の殺菌はできない．安全に高温処理を行うには，熱による材質の乾燥を防ぐ必要があるため，水分を通しにくい材質のフィルムのなかに空気を抜いて密封するか，処理環境の湿度をコントロールして作品の

含水率にあまり変化がおきないようにする装置の中で処理を行う方法が有効である．世界的には文化財分野での適用例は増えてきている．

b. 薬剤を使用する方法

環境的防除や薬剤を使用しない方法だけでは良好な防除が難しい場合には，薬剤の併用が有効である．特に，害虫が広い範囲で大発生している場合は，薬剤なしでは対応が難しい場合がある．薬剤処理は，速効性があり，効果も高いが，文化財，および文化財収蔵施設で使用する薬剤は，材質や人体，環境にできる限り悪影響を及ぼさないものが望まれる．表5.7に，現在，文化財用途あるいは展示収蔵施設等で使用されている薬剤の主要なものを整理した．

i) 燻蒸剤

燻蒸は，その時点で存在する害虫やカビを殺すが，薬剤が残留しないのでその後の防虫あるいは防菌効果はない．表5.8には，文化財用途として現在使用されているおもな薬剤を掲載した．

フッ化スルフリル（殺虫燻蒸剤）：　材質に対する薬害が比較的少ない．臭化メチルと同様に，建物内，燻蒸装置内，被覆テント内で使用することが多いが，排気を含めて完全なガス管理ができる燻蒸装置などで使用することが望ましい．

表 5.7　使用目的と薬剤の例

使用目的	種 類	薬 剤	商品名の例	対 象
殺 虫	燻蒸剤	フッ化スルフリル	ヴァイケーン	文化財，施設，資材など
	蒸散性殺虫剤	DDVP（ジクロルボス）蒸散製剤	バナプレート	文化財
防 虫	忌避処理剤	ピレスロイド(シフェノトリン)炭酸製剤 ピレスロイド(プロフルトリン)炭酸製剤	ブンガノン エコミュアーFT ドライ	施設など
	蒸散性防虫剤	ピレスロイド(プロフルトリン)蒸散製剤 パラジクロロベンゼン 樟　脳 ナフタレン	エコミュアーFT プレート	文化財
殺菌・殺虫（おもに殺菌）	燻蒸剤	酸化エチレン・フルオロカーボン製剤 酸化プロピレン（希釈剤アルゴン）	エキヒュームS アルプ	文化財，施設，資材など
殺 菌	消毒剤	エタノール	消毒用アルコール	一部の文化財
防カビ	防カビ処理剤	ヨード系炭酸製剤	ライセント	施設など

文化財害虫事典（2001）をもとに改変（2016年1月現在）．

表 5.8 燻蒸剤について（原則として薬剤が残留しない）

薬　剤	被害のおそれのある材質[31,32]	材質への影響	使用目的	人体への安全性	備　考
フッ化スルフリル	動物資料の筋肉標本	一部の金属に錆，一部の紙類のpHの低下，一部の合成樹脂に化学変化との報告あり（1990年代のガス純度が高くないころの結果）．動植物資料のDNAにはあまり影響がない	殺虫	×	●低温では効果が劣る（15℃以上で行う） ●浸透性は高いが殺卵力に劣る ●中毒時の解毒剤なし ●材質に及ぼす主な影響は微量含まれる酸性不純物が原因とされる
酸化エチレン・フルオロカーボン製剤	動植物資料のDNA，筋肉標本	蛋白質，セルロース，樹脂などに化学変化の可能性，動植物資料のDNAに影響	殺菌・殺虫（主に殺菌）	×	●酸化エチレンは対象物への吸着性が高く，発がん性あり ●燻蒸後の十分なガス抜きが必要 ●爆発性あり，取り扱い注意
酸化プロピレン（希釈剤アルゴン）	動植物資料のDNA，筋肉標本	楮，絹，フェルト，顔料，漆塗膜，金箔絵画材質への影響は目視では認められなかった．動植物資料のDNAに影響	殺菌・殺虫（主に殺菌）	×	●浸透性がやや劣るため，燻蒸時に防爆ファンで攪拌が必要 ●対象物への吸着性が高く，発がん性の疑いのある物質 ●爆発性あり，濃度管理に細心の注意が必要

○：高い　△：場合によっては低い　×：低い，あるいはまったくなし
文化財害虫事典（2001）をもとに改変（2016年1月現在）．

浸透性はきわめて高いが，害虫の殺卵効果が低いので，燻蒸は15℃以上で行う．

酸化エチレン製剤（殺菌・殺虫燻蒸剤；おもに殺菌）：　殺菌力が強く，すぐれた殺菌燻蒸剤である．殺虫もできるが，木材などへの浸透性はフッ化スルフリルほどは高くない．欠点としては，可燃性・爆発性があり，二酸化炭素，フルオロカーボンなどと混合して使用されている．

酸化エチレンは材質に吸着されやすい性質をもつため，十分なガス抜きが必要である．また，発がん性があり，特定化学物質第2類に指定されており，管理濃度は1 ppmであるため，取扱いには十分な注意を要する．使用後の十分な排気は特に重要である．

酸化プロピレン（殺菌・殺虫燻蒸剤；おもに殺菌）： 酸化エチレンと同様に，殺菌力が強く，すぐれた殺菌燻蒸剤である．殺虫もできるが，木材などへの浸透性はフッ化スルフリルほどは高くない．酸化エチレン同様，可燃性・爆発性があり，発がん性もあるため，やはり特定化学物質第2類に指定されており管理濃度は2 ppmである．また，沸点が33.9℃と高く，殺菌のためには酸化エチレンより高濃度を必要とし，やはり材質に吸着されやすい性質があるため，ガス抜きは十分に行う．酸化プロピレンの爆発濃度範囲は2.8～37%であるため，有効濃度との兼ね合いを十分注意する必要がある．

ii) 蒸散性（昇華性）薬剤

蒸散性（昇華性）殺虫剤： 蒸散性殺虫剤には，DDVP（ジクロルリン酸ジメチル）の樹脂蒸散剤がある．有機リン剤のDDVPを合成樹脂中に練り込んで徐々に蒸散させるようにしたもので，防虫力のみならず殺虫効果も高いため，ガス燻蒸のできない場合に使用されることがある．ただし，人体に毒性があり，急性症状として頭痛等を引き起こすので，人の出入りする場所での使用は避ける．また，金属腐食性があるので，文化財から30 cm以上は離す．

蒸散性（昇華性）防虫剤（表5.9）： ピレスロイドのプロフルトリンを樹脂に練り込んだものなどがある．これは，家庭用の衣類の防虫剤としても使用されている．通常の使い方では殺虫は困難であるので，防虫剤（忌避剤）として使用する．このほか，昇華性防虫剤として従来からパラジクロロベンゼン，樟脳，ナフタレンが使用されている．これらは，併用すると混融を起こし，しみをつける場合があるので必ず単独で使用する．パラジクロロベンゼンは，発がん性の疑いがある物質として人体への影響を問題視する向きもあり，北米では，すでにほとんど使用されていない[18]．いずれにしても，これらの防虫剤は，多くの種類の昆虫に忌避効果をもつが，効果を持続させるためには，密閉環境で使用することが重要である．

5.4.3 文化財害虫―特に「文化財外部に生息する昆虫」への対処法

施設への薬剤の吹き付け・塗布処理等，「文化財の外部で生息する害虫」に対しておもに適用する方法もある．直接文化財に接触する梱包資材などの処置については，資材などから文化財への薬剤汚染を防ぐため，文化財そのものに適用する処置法に準ずる．

表 5.9 防虫剤について（固体が昇華して効果を及ぼすもの）

薬 剤	材質への影響	殺虫効果	殺菌効果	防虫効果	防カビ効果	人体への安全性	備 考	対 象
プロフルトリン		△	×	○	×	△	●開放空間では殺虫効果は低い ●殺卵力は低い	文化財を保存している空間
パラジクロロベンゼン	プラスチックや樹脂を軟化，樟脳と同時に使用すると，混融して汚損の原因となる	△	×	○	×	△	●開放空間では殺虫効果は低い ●殺卵力は低い	
樟脳	パラジクロロベンゼンと同時に使用すると，混融して汚損の原因となる	×	×	○	×	△		
ナフタレン	樹脂によっては軟化，資料へ再結晶することあり	×	×	○	×	△		

閉鎖空間で使用し，空間体積に対して有効量を使用した場合を示す．
○：高い　△：場合によっては低い　×：低い，あるいはまったくなし
文化財害虫事典（2001）をもとに改変（2016年1月現在）．

i) 空間用ミスト製剤（表5.10）

　液化二酸化炭素に溶かした薬剤（シフェノトリンまたはプロフルトリンなどのピレスロイド）をノズルから噴射すると，二酸化炭素は気化し，薬剤成分のみが微粒子状になり空中散布される．燻蒸剤が原則として残留しないのに対し，ミスト製剤は，薬剤が材質にミスト状に付着・残留し，その表面に虫が接触することによって効力を発揮する．したがって，木製品，わら製品などの一部の民具や移築家屋など例外を除いては，文化財に直接薬剤がかからないよう注意して使用する．材質への影響については，残効性の高いシフェノトリンについては光沢のある材質にくもりやべたつきが生じること，展示ケースのガラス面にくもりが発生する場合がある．

　ミストには浸透性はないため，内部に潜入している虫には殺虫効果はなく，殺卵効果もほとんどないので，シフェノトリンは移築家屋などを対象に防虫（忌避）効果を付加する目的で，プロフルトリンはその空間にいる虫を速効的に殺虫することを目的として使用する．

ii) 施設処理用薬剤

　建物や収納棚などに害虫が発生した場合にも，文化財に直接影響しないように考慮しつつ，すみやかに適切な処置を行う必要がある．薬剤の選択や処理方法，

5.4 生物被害への対処法

表 5.10 空間用ミスト製剤について

薬　剤	適した用途	材質への影響	殺虫効果	殺菌効果	防虫効果	防カビ効果	人体への安全性	備　考	対　象
ピレスロイド（シフェノトリン）炭酸製剤	わら製品，竹製品，金属のない民具，民俗資料，移築民家，空部屋など	左記以外は一般に適用困難（くもり・べたつき）	△	×	○	×	△	●接触しないと殺虫効果はない ●殺卵力はない ●忌避処理（防虫処理）剤として使用する（持続効果3〜6ヶ月程度） ●ガラス面などにくもりが生じることがある	施設，一部の文化財
ピレスロイド（プロフルトリン）炭酸製剤	わら製品，竹製品，金属のない民具，民俗資料，移築民家，空部屋など	左記以外は一般的に適用困難	△	×	△	×	△	●接触しないと殺虫効果はない ●殺卵力はない ●その空間にいる虫には速効性がある（開放空間ではすみやかに蒸散） ●ガラス面などのくもりは少ない	

○：高い　△：場合によっては低い　×：低い，あるいはまったくなし
文化財害虫事典（2001）をもとに改変（2016年1月現在）

取扱いには専門家のサポートを受ける．
　シロアリ用防除剤：　防蟻処理剤は木材用と土壌処理用に大きく分けられる．木材用薬剤にはおもに油剤のほか，乳剤，水溶性薬剤が，土壌処理剤にはおもに乳剤のほか，粒剤，粉剤が用いられる．ヤマトシロアリやイエシロアリは，地中を通って建物内に侵入することが多いので，木部処理のほか，建物の基礎や束石の周囲の土壌を薬剤で処理しておき侵入を防止する．
　その他の木材食害虫用防除剤：　ヒラタキクイムシなどに対しても，防除剤がある．このほか，シバンムシやナガシンクイムシ，カミキリムシ類などの木材食害虫用防除剤には，シロアリやヒラタキクイムシ類に使用する薬剤をそのまま使用してよいが，油性の溶剤の種類によっては木材の色味が変わったり，竹材の場合，割れを多く生ずることがあるので，乳剤，または水溶性薬剤を用いるとよい．
　ゴキブリ・ダニ用防除剤：　ゴキブリなどの防除にあたっては，建物等で直接収蔵品に影響のない場所であれば，ゴキブリの潜む場所や通路に残効性の大きい

有機リン剤やピレスロイド系薬剤などを散布，塗布することができる．収蔵品のない場所に限っては，燻煙剤や煙霧剤で処理する方法もあるが，収蔵品のある場所での市販の燻煙剤等の使用は避ける．ゴキブリについてはホウ酸を使ったベイト剤の使用も有効である．

5.4.4 屋外の文化財の場合

屋外の石造文化財などの対策の場合，同様の環境条件で維持する以上，繰り返し類似の生物被害を受けることは免れ得ない．したがって，メンテナンス計画との兼ね合いを考慮し，長い目でみて文化財の劣化が遅くなるようによく配慮し対処法を決定する姿勢が大切である[2]．

引 用 文 献

1) G. Caneva, et al.：Biology in the Conservation of Works of Art, ICCROM, Rome, 1991.
2) G. Caneva, et al.：Plant Biology for Cultural Heritage, Getty Conservation Institute, English translation, 2008.
3) 文化財研究所，東京文化財研究所編：文化財害虫事典，クバプロ，2004．
4) 文化財虫菌害研究所：文化財の虫菌害と防除の基礎知識，2002．
5) 文化財虫菌害研究所：文化財の害虫 改訂版—被害・生態・調査・防除，2003．
6) T. J. K. Strang and J. E. Dawson：Controlling Museum Fungal Problems, *Technical Bulletin*, **12**, Canadian Conservation Institute, 1991.
7) S. Michalski：Relative Humidity：A Discussion of Correct/ Incorrect Values. Preprint of ICOM Committee for Conservation 10 the Triennial Meeting, 624-629, 1993.
8) T. J. K. Strang and J. E. Dawson：Vertebrate Pests in Museums, Technical Bulletin, **13**, Canadian Conservation Institute, 1991.
9) 中筋房雄ほか：新農学シリーズ 害虫防除，朝倉書店，1997．
10) 木川りかほか：博物館・美術館・図書館等における IPM：その基本理念および導入手順について，文化財保存修復学会誌，**47**，76-102，2003．
11) 文化財虫菌害研究所：文化財 IPM の手引き，2014．
12) T. J. K. Strang：A Healthy Dose of the Past：A Future Direction in Herbarium Pest Control?. D. A. Metsger and S. C. Byers eds.：Managing the Modern Herbarium, p. 59-79, Society for the Preservation of Natural History Collections, 1998.
13) T. Strang and R. Kigawa：Combatting Pests of Cultural Property, *Technical Bulletin*, **29**, 2009.
14) 長屋菜津子：愛知県美術館の虫菌害対策（愛知県美術館の保存対策 その1・部分改定）愛知県美術館研究紀要，**6**，5-29，2000．
15) 木川りか，T. Strang：文化財展示収蔵環境における IPM プログラム：状況と対策の段階的モデル，文化財保存修復学会誌，**49**，132-144，2005．

16) A. Doyle, *et al.*: Integrating IPM Risk Zones and Environmental Monitoring at the Museum of London. P. Winsor, D. Pinniger, L. Bacon, B. Child, K. Harris, D. Lauder, J. Phippard and A. Xavier-Rowe eds.: Integrated Pest Management for Collections, Proceedings of 2011: A Pest Odyssey, 10 Years Later, p. 26-30, Historic England 2011.
17) 新井英夫, 森 八郎：表具の科学, 東京文化財研究所, 1977.
18) J. E. Dawson, Revised by T. J. K. Strang: Solving Museum Insect Problems: Chemical Control, *Technical Bulletin*, **15**, Canadian Conservation Institute, 1992.
19) C. Selwitz and S. Maekawa: Inert Gases in the Contril of Museum Insect Pests, the Getty Conservation Institute, 1998.
20) S. Maekawa and K. Elert: The Use of Oxygen-Free Environments in the Control of Museum Insect Pests, the Getty Conservation Institute, 2003.
21) N. Valentin: Comparative Analysis of Insect Control by Nitrogen, Argon and Carbon Dioxide in Museum, Archive and Herbarium Collections, *Int. Biodeterior. Biodegradation*, **32**, 263-278, 1993.
22) 木川りかほか：低酸素濃度および二酸化炭素による殺虫法―日本の文化財害虫についての実用的処理条件の策定―, 文化財保存修復学会誌, **45**, 73-86, 2001.
23) S. Rowe: The effect of insect fumigation by anoxia on textiles dyed with Prussian blue, *Stud. conserv.*, **49**, no. 4, pp. 259-270, 2004.
24) A. Lerwill, *et al.*: Photochemical colour change for traditional watercolour pigments in low oxygen levels, Stud. conserv., **60**, no. 1, pp. 15-32, 2015.
25) 小野寺裕子ほか：低酸素濃度殺虫法―25℃, 27.5℃, 30℃における処理期間の検討―, 保存科学, **54**, 2015.
26) 日高真吾ほか：民俗資料等の二酸化炭素による殺虫処理の実例, 文化財保存修復学会誌, **46**, 76-95, 2002.
27) 木川りかほか：各種防虫剤, 防黴剤, 燻蒸剤等の顔料・金属に及ぼす影響, 文化財保存修復学会誌, **43**, 12-21, 1999.
28) T. J. K. Strang: The Effect of Thermal Methods of Pest Control on Museum Collections, Biodeterioration of Cultural Property 3, Proceedings of the 3rd International Conference on Biodeterioration of Cultural Property, p. 334-353, 1995.
29) T. J. K. Strang: Controlling Insect Pests with Low Temperature, CCI Notes 3/3, Canadian Conservation Institute, 1997.
30) T. J. K. Strang: Principles of Heat Disinfestation, Integrated Pest Management for Collections, Proceedings of 2001: A Pest Odyssey, p. 114-129, James and James, 2001.
31) R. Kigawa *et al.*: Effects of Various Fummigants, Thermal Methods and Carbon Dioxide Treatment on DNA Extraction and Amplification: A Case Study on Freeze-Dried Mushroom and Freeze-Dried Muscle Specimens, Collection Forum, **18** (1-2), pp. 74-89, 2003.
32) R. Kigawa *et al.*: Investigation of Effects of Fumigants on Proteinaceous Components of Museum Objects (Muscle, Animal Glue and Silk) in Comparison with Other Non-chemical Pest Eradicating Measures, *Stud., Conserv.*, **56**, pp. 191-215, 2011.

6

衝撃と振動

6.1 輸送過程の解析

　第2章で述べたように，輸送時の資料は，展示室や収蔵庫にあるときとまったく異なる環境下に置かれ，特に航空機による輸送では温度や湿度の大きな変化が起きやすい．また温湿度の変化だけではなく，交通機関が起こす振動や落下による予測しない衝撃などの危険性もある．そこで資料の輸送中にどのような作業が行われて，そこでどんな危険が起きるか予想すると，表6.1のようになる．ここでは輸送を単純化して考えているが，外国への輸送にあたっては車や航空機など複数の交通機関を使うので，表6.1にあげた作業が繰り返し行われる．また飛行場での積込みや受渡しでは通関に時間がかかり，受渡しが長くなる場合もある．

6.2 衝　　　撃

　衝撃に対する対策を立てるためには，まず次のことを知る必要がある．①起こりうる衝撃の大きさ，②資料の壊れやすさ，③梱包に用いるクッションの衝撃吸収能力，の3点である．それぞれの項目について検討する．

表 6.1 輸送過程と予想される危険

輸送過程	内　容	時　間	危険の内容
積み込み	受け渡し	短時間	落下による衝撃
運　搬	移　動	長時間	急激な温湿度変化，高湿度，低湿度，振動
積み卸し	受け渡し	短時間	落下による衝撃

6.2.1 起こりうる衝撃の大きさ

　資料が衝撃を受ける可能性が高いのは，積込みや積下ろしの荷役作業中に，資料が作業者の手やリフトから落下することである．収蔵庫や展示室での出し入れ，運送用トラックへの荷積み作業時，飛行機などへの積込み積下ろし時など，いろいろな場面が考えられる．また落下の状態もまっすぐ落ちる場合もあれば，コーナーやエッジから落ちる場合もある（図6.1）．そこで博物館資料ではないが，特定の荷物がその流通過程において，ある高さからどのくらいの確率で落ちる可能性があるか調べたものが，図6.2である[1]．縦軸に落下高さ（インチ；1インチ＝25.4 mm），横軸にその発生確率を表している．数インチの落下は荷物

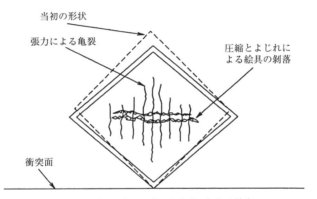

図 6.1　絵画が角から落下した時に起きる被害

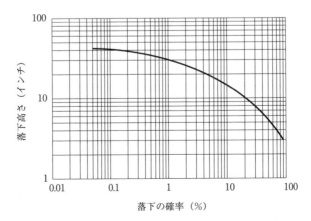

図 6.2　輸送中に荷物の落下する確率と落下高さの関係[1]

の揺さぶりによっても発生するから発生確率は高い．しかしこの図からわかるように，数十インチを超える高い位置からの落下のおそれは小さいことがわかる．この傾向は博物館資料でも同じであると考えられる．

図 6.2 の落下の発生確率は，輸送において衝撃に対する安全性をどれだけ見込むかということに対しても，手がかりを与える．例えば落下による資料の被害確率を 1% と見込んで対策を立てようとすれば，落下高さを 32 インチ（約 81.3 cm）とすればよいし，被害確率が 4% でもよければ 20 インチ（約 50.8 cm）の高さからの落下を考えればよい．しかし被害確率を 0.1% に抑えようとすると 42 インチ（約 106.7 cm）の高さから落ちても大丈夫なように梱包容器のデザインを考えなければならない．それだけ経費がかかり，一般製品の輸送においては製品保護のためにかかるコストと起こりうるダメージとのバランスを考えて，梱包容器のデザインが決められる．

本来ならすべての資料について，図 6.2 のような落下の発生確率分布を求めなければならないが，実際には不可能なので，過去の輸送データを利用して，表 6.2 のような落下高さと資料の重量の統計的な相関関係が求められている[1]．この表から，起こりうる衝撃の大きさを評価することができる．すなわち軽い物ほど高い位置から落ちる可能性が高く，重いものは機械によって運搬するから落下高さは低くなる．また一般に大きい物ほど落下高さは低くなり，ユニット化された荷物は大きさがまちまちな荷物にくらべて，落下の頻度も落下高さも小さいことが知られている．さらに「割れもの」「取扱注意」などのラベルはある程度効果はあるものの，作業時に軽く考えられがちであることも指摘されている．

表 6.2 荷渡し中に予想される落下高さ[1]

荷物の重さ [kg]	荷役形式	落下高さ [cm]
0〜9	1人で投げる	105
10〜22	1人で運ぶ	90
23〜110	2人で運ぶ	75
111〜225	軽量用の運搬機械	60
226〜450	中型用の運搬機械	45
450 以上	重量用の運搬機械	30

(General American Research Division, 1972)

6.2.2 資料の壊れやすさ

　この点についても輸送分野でいろいろな工業製品について許される衝撃の大きさ（許容衝撃値）が求められている．工業製品は表6.3のように，「きわめて壊れやすい」ものから「頑丈」なものまで，6段階に分類される[2]．参考までに述べると，人間は4〜6Gの力が数秒以上続くと視覚障害や意識障害を起こすといわれている．また資料が破壊されるには加速度の大きさだけでなく，資料がぶつかるまでにある速さ以上の速度で動いていたかどうか，言い換えれば加速度を受ける時間が一定の長さ以上かどうかも関係する．なお，加速度の単位として地震の場合にはgal（ガル，cm/sec^2）を単位として用い，輸送時に荷物が受ける衝撃加速度の測定には，地球の重力加速度$G=980\ cm/sec^2$を単位として用いる．

　実際の文化財がどのくらいのGで壊れるかについては，M. F. メクレンブルグ（Mecklenburg）が縦横61 cm四方の木枠に貼った麻布に鉛白を約0.18 mmの厚さに塗ったものを想定して，有限要素法によるシミュレーションを行っている[3]．その結果によると，コーナーから落下した場合には82Gを超えると，上下方向にいくつもの亀裂が生じるとしているので（図6.3），表6.3の分類によると「ある程度壊れやすい」というランクに相当することになる．

　ただし同じ文献のなかで，縦76 cm×横102 cmと大きさは違うが，同じ鉛白を塗った麻布について，長辺を下にしてまっすぐ落とした場合1015Gを超えないと亀裂が生じないという結果が得られているので，どの方向から落下するかということが，資料の壊れやすさに大きく影響する．これまでの統計によると，平

表 6.3　工業製品の許容衝撃値[2]

分　類	許容衝撃値 [G]	品　名
きわめて壊れやすい	15〜24	ミサイル誘導システム，精密電子実験器具
大変壊れやすい	25〜39	科学機器類，X線装置
壊れやすい	40〜59	コンピュータ端末，電動タイプライター，電子機器類
ある程度壊れやすい	60〜84	ステレオ装置，テレビ，フロッピーディスクドライブ
ある程度頑丈	85〜110	大半の測定器械類，家具
頑　丈	110以上	台鋸，ミシン，動力機械類

　[G] は地球の重力加速度，$980\ cm/sec^2$
　参考：洗濯機　20〜40，鶏卵　45〜85，魔法瓶　70〜90，ビール瓶　130〜170

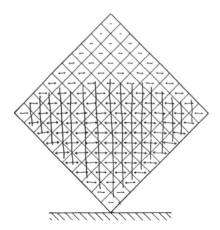

図 6.3 木枠に張った麻布が角から落ちた時に生じる内部応力と亀裂[3]
(M. F. Mecklenburg, C. S. Tumosa によるシミュレーション)

均的には落下総数の 50% 以上が底面からの落下であるとされる[3].

6.2.3 梱包材料の衝撃吸収力

梱包ケースの内壁にプラスチックや紙の衝撃緩衝材（クッション）が用いられる．プラスチックとしては一般に発泡スチロール，発泡ポリエチレン，発泡ポリプロピレン，発泡ポリウレタンなどが用いられ，紙系の緩衝材には段ボール，パルプモールド，紙管，クラフト紙などがある．このほかに，空気を気泡状に閉じこめたエアパッキンや反毛フェルトなども衝撃緩衝材として用いられている．

衝撃緩衝力に関係する要素は，材料の柔らかさと厚さである．まず柔らかいものほど衝撃をゆっくり受けとめるので，資料にかかる力は小さくなるが，それだけ厚みが必要となり梱包ケースが大きくなるから，あまり柔らかすぎる材料は不適当である．ただしここでいう硬い，柔らかいは資料の重さにも関係している．資料が重くなるほど硬い衝撃緩衝材でもへこみやすいので，衝撃力を柔らかく受けとめるが，衝撃緩衝材の硬さにくらべて軽すぎる資料では資料が当たってもへこまず，資料の受ける衝撃力は大きくなる．

厚いものほど重い資料を受けとめることができるが，これもやはり厚すぎると梱包ケースが大きくなり，逆に薄すぎると厚みが足らずに資料が壁にぶつかって大きな衝撃を受けることになる．そこで衝撃緩衝材の硬さが同じなら資料の単位

面積あたりの重量に対応した適切な厚みが存在する．単位面積あたりの重量と述べたのは，資料の重量が同じでも資料の重さを受ける衝撃緩衝材の面積が大きくなるほど力が分散されるからである．

このことを図で説明してみよう．分銅の重さを変えながら，ある一定の厚みをもった衝撃緩衝材（図6.4では5cmと10cmの厚さ）上に一定の高さから分銅を落下させ，そのときに分銅の受ける加速度を加速度計で測定した（図6.4）．ほとんどの衝撃緩衝材はこのように下向きに凸の曲線になる．すなわち上で述べたようにおもりが軽いときには衝撃により衝撃緩衝材が変形しないため，緩衝材としてのはたらきをしない．おもりが重くなるにつれて衝撃緩衝材が変形して衝撃を受けとめて緩衝材としてはたらくため，加速度は小さくなる．さらにおもりが重くなると今度は衝撃緩衝材がいっぱいまでへこみそれ以上は変形しなくなり，緩衝材としてのはたらきが落ちて加速度は大きくなる．そのために衝撃緩衝材の硬さと厚みに対して最も適した単位面積あたりの重さ（静的負荷，static loading）が存在することになる（図6.4）．

この図を用いれば，梱包容器の中に入れる資料の重さに応じて，衝撃緩衝材の硬さ・柔らかさと厚さを選んで，資料の受ける力が許容衝撃値以下になるように設計することができる．そのためには衝撃緩衝材として選んだ材料の静的負荷に対する加速度曲線（図6.4）の上に，資料の許容衝撃値を重ねる（図6.5）．そう

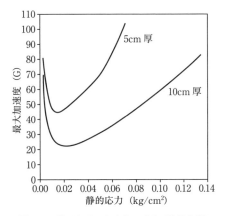

図 6.4　落下させるおもりの重さ（静的負荷）と分銅の受ける加速度との関係[4]　衝撃緩衝材の材質はポリエステルウレタンフォーム（密度33 kg/m^3）．

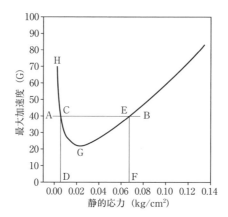

図 6.5 許容衝撃値 40 G の資料を 10 cm 厚みのポリエステルウレタンフォームに落下させた時に許される静的負荷の範囲（D と F の間）[4]

すると許容衝撃値（A-B）より曲線が下に来る範囲（C-G-E）が，適正な静的負荷の値になるから，資料の重量をもとに単位面積あたりの重さがその範囲（D-F）に収まるように，資料と衝撃緩衝材の接触面積を定めてやればよい．

6.3 振　　動

輸送機関の振動による被害はわが国ではあまり聞かないが，イギリスのテートギャラリーが所蔵するエドガー・ドガのパステル画 4 点を空気サスペンション付きのトラックで輸送したところ，画面が額のガラスとこすれて 3 点の絵の具がガラスに移ってしまい，厚い 6 mm のボードにマウントした作品だけが無事であったという報告がある[3]．

このような振動による被害を防ぐためには，次の三つの対策がある．
① 輸送機関を選ぶ．
② 絵画の額や枠を変えるなど，資料に直接手を加えて改善する．
③ 梱包容器の中に入れる材料を選ぶ．

輸送機関による振動は，例えば道路の継ぎ目や鉄道線路のレールの継ぎ目のようにほぼ周期的な振動から，道路の穴や線路の交差のようにその発生がランダム

に近いものまでさまざまであり，それらがエンジンや車輪の回転による振動とあわせて，積載された資料に伝わってくる．そのため資料の受ける振動はたいへん複雑であるが，どのような周期の振動が最も大きいか，周波数分析することによって対策を考えることができる．このことは地震の揺れが家屋のいちばん揺れやすい周期（固有周期）に一致したときに，家屋の倒壊が起きることを考えればわかりやすい．この現象を共振，周期を固有周期，そのときの振動数を固有振動数と呼ぶ．

そこで，輸送機関に特有な揺れの振幅と振動数，文化財の固有振動数の2点を知る必要があるが，輸送機関の揺れについては図6.6のような調査結果がある[5,6]．それによると，船舶では振動数10〜100 Hz（1 Hzは1秒間に1サイクルの振動）の揺れが中心で揺れの大きさは小さい．航空機では100 Hz以上の振動が大きい．鉄道は1〜100 Hzが中心だが揺れの大きさは小さい．トラックでは3〜100 Hzが中心で，揺れの大きさは比較的大きい．別の研究によれば5〜10 Hzの振動は車の懸架装置，10〜20 Hzは架台にのった重い貨物，50〜100 Hzはタイヤの固有振動数に起因するとされ，進行方向よりも上下，左右方向の振動が大きい[2]．自動車を用いた輸送では低い周波数での振動が大きいので，梱包容器の中に入れるクッションを選ぶときは，いかにして低い振動数の揺れを小さくするかを考えなければならない．

資料の固有振動数については，T.グリーン（Green）が縦203.2 cm，横126.4 cmの木枠に貼った絵画について調べている[7]．それによると10 Hz前後の振動が卓越している．これを根拠にすると，自動車による輸送の振動が絵画の固

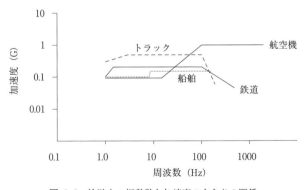

図 6.6 輸送中の振動数と加速度の大きさの関係

有振動数に一致し，しかも振幅が大きいため，他の交通機関よりもトラックによる輸送中に被害が起きる可能性が大きいと考えられる．しかしはじめに述べたような場合を除いて，通常の輸送による振動では資料に影響が及ぶ可能性は少ないと考えられる．また実験によると，よい衝撃緩衝能力をもったクッションの固有振動数は15～30 Hzで，自動車の揺れと一致しているが，クッションを入れることによって揺れが小さくなることの効果の方が大きいとされている[7]．

心配されるのは，木枠にゆるく張り込んだ絵画のような場合である．このような場合，しっかりしたボードに張り込めば，低い周期の振動を抑えることができる．グリーンはさらに木枠に他の布をぴんと張り込んで，その上から接着剤を使わないでオリジナルのカンバスを張り込めば（ルーズ・ライニング）振動は大きく軽減されるとし，その場合，熱処理したポリエステルの帆布が最適であるとも述べている[7]．

6.4 輸送機関の揺れの大きさ

近年，小型の加速度計を資料とともに梱包容器（クレート）内に封入して，資料の受ける振動の大きさを時間とともに記録し，後からデータを取り出し詳しく解析することができるようになった．自動車，飛行機，船の三つの輸送機関による記録を比較すると，船が最も静かで垂直，水平方向とも1G以下で，航空機が同程度，自動車は道路状態や運転の丁寧さも関係するがおおむね2.5G以下であった．輸送中，大きな衝撃を受けるのは積込み，積下ろしや輸送機関を替えるときで，特に空港内でクレートを移動する際に使用される台車（ドーリー）では，垂直方向に5～10Gの強い衝撃をしばしば受けていることがわかった[8]．また積込み・積下ろし時の衝撃は人が要因となっていること，重いクレートより軽いクレートの方が受ける衝撃は大きかったことも，指摘されている．実際の資料輸送から得られた貴重な教訓である．

引 用 文 献

1) 石谷孝祐編：最新機能包装実用事典，フジテクノシステム，1994.

引 用 文 献

2) 水口眞一監修：輸送・工業包装の技術，フジテクノシステム，2002．
3) M. F. Mecklenburg and C. S. Tumosa：An introduction into the mechanical behavior of Paintings under rapid loading conditions. Marion F. Mecklenburg, ed.：Art in Transit Studies in the transport of Paintings, pp. 137-171, National Gallery of Art, Washington, 1991.
4) M. Richard：Foam cushioning materials-Techniques for their proper use. *ibid.*, pp. 269-278.
5) P. J. Marcon：Shock, vibration and the shipping environment. *ibid.*, pp. 121-132.
6) F. E. Ostem and W. D. Godshall：An assesment of the common carrier shipping environment, General report, Forest products laboratory, FPL22, USDA, Madison, 1979.
7) T. Green：Vibration control-Paintings on canvas supports. *ibid.*, pp. 59-67.
8) 西藤清秀：文化財美術品搬送における振動および温湿度環境の調査，平成24年度～平成26年度科学研究費補助金挑戦的萌芽研究研究成果報告書，2015．

7
火　災

　火災は文化財の最大の加害要因で，わが国では記録に残る大火がしばしば起きた．日本の家屋が燃えやすい木造であったこともあるが，特に江戸時代には人口の半数以上を占める約50万人の町人が江戸の面積のわずか16％という狭い地域に固まって生活していたことも原因であった．江戸では延焼距離が2kmに及ぶ火災が，江戸時代の250年間に100回近くもあり，なかでも1657（明暦3）年の本郷丸山町の本妙寺から出火した火災（明暦の大火，通称：「振袖火事」）が最も大きなもので，このとき江戸城本丸，当時日本橋にあった吉原をはじめ，江戸市街の6割が焼けている．京都でも，1788（天明8）年には内裏や二条城を焼く天明の大火があった．

　第二次世界大戦後も，1949（昭和24）年1月に法隆寺金堂，1950（昭和25）年7月に鹿苑寺金閣等の火災が起きて貴重な文化財が被災し，近年でも2000（平成12）年5月の寂光院の放火，2002（平成14）年12月の北海道南茅部町埋蔵文化財調査事務所の火災等が起きていて，火災対策は文化財を保存するために非常に重要な課題である．

7.1　火災と消火

　火が燃えるためには，酸素と燃えるものが必要であり，さらに周囲の気温が低すぎると火がつかないため熱も必要である．また，燃え続けるためには燃焼反応が継続して起きなければならない．そこで消火方法は大きく分けて次の4種類に分類できる[1]．

①酸素濃度を下げる．
②燃料を除去する．

表 7.1 火災の種類

A 火災	木材・紙・繊維など普通の可燃物による火災
B 火災	ガソリンなどの可燃性液体・油脂類による油火災
C 火災	変圧器，配電盤などの電気設備からの火災で感電の危険を伴う電気火災
その他の火災	マグネシウムやカリウム・ナトリウムなどの金属が原因で発生する金属火災，都市ガス・プロパンガスなどのガスが原因で発生するガス火災

③温度を下げる（熱を奪う）．
④燃焼反応を抑える．

①の消火方法は燃焼に必要な酸素を遮断するもので，炭酸ガスなど燃えないガスを吹き込んだり，不燃性の泡で表面を覆ったりする方法をあげることができる．②は可燃物を燃えているところから取り去る方法で，例えばたき火で薪を取り除くのがその例である．③は燃焼しているものを引火点や固体の熱分解による可燃性ガスの発生温度以下にする方法で，水による消火が最も代表的なものである．④は燃焼反応を連鎖して起こす物質を除去する方法で，ハロン消火剤による消火が例である．

火災の種類は燃えるものにより，消防法令で表7.1のように分類されている．初期火災に用いられる消火器にはいくつかの種類があり，適応できる火災の種類がそれぞれ決まっていて，誤って使用すると逆効果を招くおそれがあるので，どんな火災に対して用いるべきかも規定している．

7.2 消火設備

消火設備（extinguishment facilities）とは，建物の火災の消火，延焼防止に用いられる設備の総称で，消防法令により建物の種類，構造，大きさ（延べ面積），収容人数等に応じて，何を設置しなければならないかが義務付けられている．消火設備は動作の方法からみて，手動消火設備と自動消火設備に分けられ，さらに設備の形態からみたときには表7.2のように区分される．

手動消火設備には，水バケツ，乾燥砂などの簡易消火用具や消火器のように，火災のごく初期において消火作業を行うための初期消火器具（写真7.1）と，初

表 7.2 消火設備の区分

区 分	内 容
第1種消火設備	屋内消火栓設備,屋外消火栓設備
第2種消火設備	スプリンクラー設備
第3種消火設備	固定式消火設備(水蒸気・水噴霧消火設備,泡消火設備,二酸化炭素消火設備,ハロゲン化物消火設備,粉末消火設備)
第4種消火設備	大型消火器
第5種消火設備	小型消火器,乾燥砂,水槽,水バケツ

写真 7.1 簡易消火器

写真 7.2 ガス消火連動煙感知器

期消火器具で消し止められる段階を超えて燃え広がったとき,消防隊が到着するまでの自衛消防を目的とした消火栓設備が含まれる.

自動消火設備は火災感知と消火の両方の機能をもち,火災の感知と同時に消火が行われる(写真7.2).噴出させる消火剤の種類により分類でき,スプリンクラー設備,水噴霧消火設備,泡消火設備,粉末消火設備,ハロゲン化物消火設備,不活性ガス消火設備がある(表7.3).

a. 水系消火設備

水系消火設備は一般によく用いられている消火設備で,木材,紙,繊維など普通の可燃物の火災の消火に適している.消火栓消火設備は水源(貯水槽),加圧送水装置(ポンプ),起動装置,放水用消火用具,これらをつなぐ配管などから構成され,赤色灯がついた専用の消火栓箱に納められている(写真7.3).消火栓の操作方法には手動式,半自動式,全自動式があり,全自動式はホースを引き

表 7.3 消火設備と消火剤

	消火設備	消火剤
a. 水系消火設備	消火栓消火設備（屋内，屋外）	水
	スプリンクラー消火設備	水
	水噴霧消火設備	水
	泡消火設備	界面活性剤／タンパク＋水
b. ガス系消火設備	粉末消火設備	粉末＋ガス
	ハロゲン化物消火設備	ハロゲン化炭化水素等（化学消火剤）
	不活性ガス消火設備	二酸化炭素，イナートガス

写真 7.3 屋内消火栓

写真 7.4 スプリンクラー

のばすだけで自動的にポンプが起動し，消火栓弁の開栓も行われるので，1人で放水が可能である．

　スプリンクラーは，火災時に自動的に建物天井面の噴出口から水が噴射され，消火する設備である（写真7.4）．庭先の散水に使っていた散水器にヒントを得て作られたといわれ，広く使用されるようになったのは19世紀の終わりに米国のF.グリネル（Grinnell）が，ヘッドに熱がかかったときに水を放出する構造を考え出してからである[2]．日本では1888年ごろ紡績機械とともにイギリスから輸入され，紡績工場に設置されたのが始まりである．現在はヘッドが外力により破損したとき，誤って放水し続けることがないように，普段はバルブが閉じていて火災感知器が作動したときに，連動してバルブが開放され放水する予作動式ス

プリンクラー設備が開発されている[3]．

水噴霧消火設備は，圧力をかけた水を特殊なノズルから噴霧状に放水して霧で火災の起きた場所を包み，水の蒸発潜熱で冷却するとともに，生じた水蒸気で空気を遮断し消火する．ガス状および液状の引火性物質や変圧器，油遮断器などの油入り電気機器の消火に適している．

泡消火設備は，泡消火剤を水に混入して泡を発生させ，泡による空気の遮断と泡膜に含まれる水の冷却効果によって消火を行う．1877年イギリスで化学泡が考案されたことに始まり，その後，加水分解したタンパク質水溶液を発泡させたタンパク泡消火剤や，アンモニウム石けん液やサポニン水溶液に二酸化炭素や窒素ガス等を加圧して送り込んだ機械泡消火剤，界面活性剤を用いた泡消火剤等が開発された[2]．泡は物の表面に粘着するので，駐車場，飛行機格納庫，石油類，液化ガス等の貯蔵タンクなどの消火に用いられる．水源，起動装置を含む加圧送水装置，自動警報装置，泡消火剤混合装置，泡放出口と泡原液タンクよりなる．

b. ガス系消火設備

炭酸水素ナトリウム，炭酸水素カリウムなどの粉末や，臭素，フッ素などのハロゲン元素と炭素，水素が化合してできたハロゲン化物，あるいは二酸化炭素，窒素，アルゴンなどの不活性ガスを消火剤として用いた消火設備をガス系消火設備と呼ぶ．ガス系消火設備は，金属火災，油火災，電気火災，ガス火災のように水で消せない火災や，水を使用すると水損・汚損などによる二次的な損害が大きくなる場合に使用される．博物館，美術館などは後者の代表的な例である．

ガス系消火設備の歴史は古く，米国ペンシルバニア州のベル電話会社が，電話の普及に伴い分電盤がしばしばスパークし小火を出したため，1914年に7ポンド型の二酸化炭素消火器を備え付けたのがおそらく最初とされる．日本では1933（昭和8）年に船舶安全法が公布され，船舶への二酸化炭素消火装置の設置が義務付けられ，その後，軍用艦，電力会社の発電機，変圧器室などを中心に設置された[4]．

粉末消火剤を除くガス系消火剤は，消火効果を示す消炎濃度と，人間に対する安全性，地球環境に対する安全性で評価される．消炎濃度はカップバーナ装置を用いた測定方法がわが国では用いられていて，この値が小さいほど消火効果が高い[5]（表7.4）．消火剤の毒性評価にはLC_{50}やNOAELが用いられる．LC_{50}は，ラットに対する4時間暴露で，被検対象の50%が死亡する濃度（lethal

7.2 消火設備

表 7.4 ガス系消火剤の種類と性質[4,5]

消火剤		ハロゲン化物					不活性ガス		
		ハロン1301	HFC-23	HF-C227ea	FK-5-1-12	二酸化炭素	IG100	IG541	IG55
化学式		CFBr	CHF_3	CF_3CHFCF_3	$C_6F_{12}O$	CO_2	N_2	N_2, Ar, CO_2	N_2, Ar
消炎濃度	n-ヘプタン [vol%]	3.4	12.4	6.4	4.8	22	33.6	35.6	37.8
	LC_{50} [vol%]	>80	>65	>80	>10	(10%で致死)	—	—	—
	NOAEL [vol%]	5	50	9	10	—	43 (12)	43 (12)	43 (12)
ODP		10	0	0	0	0	0	0	0
GWP		5600	11700	2900	1	1	0	0.08	0
沸点 [℃]		−57.8	−82.1	−16.4	49	−78.5	−195.6	—	—

( ) 内は酸素濃度を示す.
二酸化炭素は原則としてガス放出は手動式.

concentration) を，NOAEL は no observed adverse effect level の略で無毒性濃度を表し，いずれも値が大きいほど安全である．二酸化炭素の人体への影響は，表7.5のように与えられている．不活性ガス消火剤に用いられている窒素およびアルゴンは，二酸化炭素のような人体に対する危険性はないとされている．しかし，これらの消火剤は消炎濃度が高く，消火時には酸素濃度が12〜13% 程度と低酸素の状態になる．このため避難には支障ないが，呼吸の乱れ，判断力の低下などが起きるとされる．

表 7.5 二酸化炭素の濃度と人体への影響[4]

二酸化炭素濃度	症状が現れるまでの暴露時間	人体への影響
2% 未満	—	はっきりした影響は認められない
2〜3%	5〜10 分	呼吸深度の増加，呼吸数の増加
3〜4%	10〜30 分	頭痛，めまい，悪心，知覚低下
4〜6%	5〜10 分	上記症状，過呼吸による不快感
6〜8%	10〜60 分	(1) 意識レベルの低下，その後意識喪失へ進む
8〜10%	1〜10 分	(2) 震え，けいれんなどの不随意運動を伴うこともある
10% 以上	数分以内	意識喪失，その後短期間で生命の危険あり
30%	8〜12 呼吸	

地球環境に対しては消火剤の放出によるオゾン層の破壊や地球温暖化への影響が心配されているところで，それぞれオゾン層破壊係数，地球温暖化指数で評価される（表7.4）．オゾン層破壊係数 ODP（ozone depletion potential）はフロン12を1としたときの値で，地球温暖化指数 GWP（global warming potential）は，100年単位でみたときに地球温暖化への効果が同等となる二酸化炭素の質量を，二酸化炭素を1として表した値である．

i) ハロゲン化物消火設備

　ハロゲン化物消火設備は，ハロゲン元素（臭素，フッ素など）と炭素，水素の化合物を消火剤に用いる．ハロゲン化物消火剤は，臭素やトリフルオロメチル基（$-CF_3$基）が，燃焼の化学的反応を直接抑制することによって消火するため，消火効果が高く，炭酸ガスや窒素などの不活性ガスにくらべて消炎濃度が小さい．また毒性も低く，プラスチックなどを傷めず，消火後の残渣物もない．沸点も窒素などにくらべて高く，液化して高圧ボンベにつめることができて格納スペースも小さくてすむうえに，長期間おいても変質しないというすぐれた性質をもっている．さらに，消火剤量が少ないから配管も細くてよい．

　ハロゲン化物消火剤として代表的なハロン1301（CF_3Br，ブロモトリフルオロメタン）は，1960年代後半から米国デュポン社により研究開発され，主として軍用機のエンジン火災の消火剤として使用されて，1970年に米国防火協会（NFPA）により正式に規格化された．日本でもNFPAの規格などを参考に研究開発が進められ，1974（昭和49）年12月にはハロン消火設備（ハロゲン化物消火設備）が法令化され，1980年代前半にはガス系消火設備の主流として，博物館，美術館やコンピュータ室，電気室，通信機械室，駐車場などさまざまな防火対象物に幅広く使用されるようになった．ハロン消火剤にはハロン1301のほかに，航空機のエンジン火災に用いられるハロン1211（CF_2ClBr，ブロモクロロジフルオロメタン），ハロン2402（$C_2F_4Br_2$，ジブロモテトラフルオロエタン）がある．「ハロン」の後の四つの数字は，順にC，F，Cl，Brの数を表している．

　しかし日本で法令化された1974年に，米国カリフォルニア大学のF. S. ローランド（Rowland）とM. J. モリナ（Molina）が，フロン類がオゾン層を破壊する可能性と，これによる人体への悪影響について科学雑誌 *Nature* に発表し，冷媒のフロンとともにハロンはオゾン層破壊物質として国際的に注目された．1985（昭和60）年には「オゾン層の保護のためのウィーン条約」，1987（昭和62）年

には「オゾン層を破壊する物質に関するモントリオール議定書」が採択され，国際的に特定フロン（フロン11など），特定ハロン（ハロン1301など）の生産などが規制されることになった．日本でも1988（昭和63）年5月に「特定物質の規制等によるオゾン層の保護に関する法律」（略称「オゾン層保護法」）が公布された．その後，1992（平成4）年にコペンハーゲンで開催された第4回モントリオール議定書締約国会議において，1994（平成6）年1月1日以降，ハロンの生産を廃止することが決定された．

　ハロン廃止を受けてハロン代替消火剤が研究開発され，ハロゲン化炭化水素（ハイドロフルオロカーボン）を用いた，トリフルオロメタン HFC-23（化学式 CHF_3；商品名 FE13，消火設備名 NF1300）やヘプタフルオロプロパン HFC-227ea（化学式 CF_3CHFCF_3；商品名 FM200）がハロゲン化炭化水素消火剤として使用されている．このほかに FK-5-1-12（ドデカフルオロ-2-メチルペンタン-3-オン，化学式 $CF_3CF_2C(O)CF(CF_3)_2$；商品名 Novec 1230）がある．ハロゲン化炭化水素消火剤は炭素，フッ素，水素の化合物で，オゾン層破壊物質として作用する臭素を含んでいないためにオゾン層破壊係数は小さいが，地球温暖化係数が大きい点が問題とされており，やはり国際的な規制が予定されている．FK-5-1-12は地球温暖化係数が小さい．またハロゲン化炭化水素消火剤は，ハロン1301の1.5〜2倍程度の貯蔵容器数が必要である．

　ハロン1301を含むフッ素系消火剤は，消火剤自体の毒性は低いが，熱で消火剤が分解して有害な分解生成物が発生する．ハロン1301ではおもにフッ化水素と臭化水素が，ハロゲン化炭化水素消火剤ではおもにフッ化水素が熱分解生成物としてできる．特にハロゲン化炭化水素消火剤は，消火の際に発生するフッ化水素の量が多いので，放出方式が全域放出方式に制限されている．これらのガスの人に対する許容濃度は数ppmで，特有の刺激臭があり，特にフッ化水素は腐食性が強い．

　現在ハロンは，エッセンシャルユースとして特別に許可を受けた場所のみで，リサイクルハロンが使用されている．リサイクルハロンを管理しているハロンバンク推進協議会（現在，NPO消防環境ネットワーク）の調べによると，国内におけるハロン1301消火剤の総設置量は，2015年において約16000tであった．その他のガス系消火剤については，消防環境ネットワークへの登録状況が，ハロン代替消火剤のHFC-23・HFC-227ea・FK5-1-12が約50t，不活性ガス消火剤

の二酸化炭素が約 300 t, 窒素・IG-55・IG-541 が 30 万 m³ 弱であった.

ii) 不活性ガス消火設備

不活性ガス消火設備は, 二酸化炭素や窒素, アルゴンなどのイナート（不活性）ガスの放出により酸素濃度を燃焼範囲以下にして消火する. 現在使用されている不活性ガス消火剤は, 二酸化炭素と, 窒素, アルゴンの不活性ガス単体または混合体で構成される消火剤に分類される. 後者の消火剤には, IG-100（N_2 100％；商品名 NN100）, IG-541（N_2 52％, Ar 40％, CO_2 8％ の混合ガス；商品名 イナージェン）, IG-55（N_2 50％, Ar 50％ の混合ガス；商品名 アルゴナイト）などがある.

二酸化炭素, 窒素, アルゴンはいずれも大気中にもともと存在しているガスなので, 地球環境への影響は少ない. しかしハロゲン化物消火剤にくらべて消炎濃度がずっと大きく, 多量のガスが室内に吹き込まれ圧力が高くなるので, 密閉した部屋では避圧口が必要となる. また貯蔵容器数も二酸化炭素消火剤でハロンの約 3 倍, 窒素, アルゴンなどの消火剤で約 5 倍と, ボンベ室が大きくなる欠点がある（写真 7.5）. さらに一定の量を超えると高圧ガス保安法の規制を受ける.

写真 7.5 不活性ガス（窒素）ボンベ室

iii) 二酸化炭素消火設備

　さきに述べたように，ガス系消火設備として最初に開発されたものが，二酸化炭素消火設備である．日本では，船舶に義務付けられたのが1933年で，軍艦や発電機，変電設備などに応用され，1960（昭和35）年に消防法の改正，1961（昭和36）年には消防法施行令，同施行規則の公布を経て，二酸化炭素消火設備は不燃性ガス消火設備という名称で法令化された．

　二酸化炭素消火設備は，炭酸ガスの放出により酸素濃度を燃焼範囲以下にするとともに，ボンベに入っている液化炭酸ガスが放出されるときに気化して周囲の熱を奪って冷却する効果を利用して消火する．装置は液化炭酸ガスボンベと起動装置，配管，噴射ヘッドなどよりなる．油関係，ボイラー室，電気室，電算機室，駐車場などの消火に適している．

　表7.4で示したように，二酸化炭素の消炎濃度は22％と，人間の致死濃度を超えているために，たびたび二酸化炭素消火設備の誤放出による死亡事故が発生した．1993（平成5）年には誤作動や点検時のミスにより2件の死亡事故が起き，1995（平成7）年12月には池袋（東京）の立体駐車場で，誤放出による2名の死亡事故が発生した．この事故をきっかけに，二酸化炭素消火設備の安全対策に関する規制が強化された．

c. 粉末消火設備

　粉末消火設備は，炭酸水素ナトリウム，炭酸水素カリウムなどの粉末消火剤を放出するもので，引火性液体の火災のように急速に拡大する表面火災の消火に有効である．消火の原理は，粉末が熱分解して生成する二酸化炭素と燃焼反応抑制作用によると考えられていて，その消火時の反応機構からガス系消火剤に含まれている．粉末消火剤は1951年ごろ，米国より日本に技術導入され，1964年に炭酸水素カリウムを主剤とした粉末消火剤，1965年にリン酸二水素アンモニウムが開発された．粉末は電気の不良導体であるため，最初は油火災，電気火災へ用いられたが，現在では普通可燃物の火災にも適用可能な薬剤が開発されている[2]．

d. 消　火　器

　消火器（fire extinguisher）は水や泡，二酸化炭素，粉末，強化液などの消火剤を放射して，ごく初期の火災を消すのに用いる．大型消火器と小型消火器に区分され（表7.2），大型消火器は車輪に固定して積載され，消火剤の放射時間が長く，ホースも太く長いので，放射距離範囲が広い．小型消火器は小規模の火災

の初期消火を対象とする．普通可燃物の火災をA火災，引火性物質の火災（油火災）をB火災，電気火災をC火災といい（表7.1），それぞれの火災に対応する消火器には白色，黄色，青色のマークがつけられている．

簡易消火器は使用する消火剤によって，水消火器，酸アルカリ消火器，強化液消火器，化学泡消火器，機械泡消火器，粉末消火器，ハロゲン化物消火器，二酸化炭素消火器に分けることができる．

最後の二つを除いて，いずれの消火器もレバーを押すとボンベ内部の水溶液または粉末が，二酸化炭素などのガス圧で水溶液や泡として放出され，冷却作用や空気の遮断作用によって消火する．ハロゲン化物消火器はハロゲン化物を圧縮空気などと，二酸化炭素消火器は液化炭酸ガスをボンベにつめてあり，レバーを開くとガスが放出され，それぞれ燃焼反応の抑制または冷却・空気の遮断作用により消火する．

一般家庭でも使用される粉末消火器は，炭酸水素ナトリウム，炭酸水素カリウム，リン酸アンモニウムなどの微粉末を炭酸ガスとともに容器に納めたもので，レバーを押すことにより粉末がノズルから噴出し，熱分解して炭酸ガスとなって，燃焼物を覆い空気を遮断し消火する（図7.1）．展示室などに消火器として設置されることが多いが，非常に細かい粉末が噴出されるので誤って噴出しないよう注意が必要である．

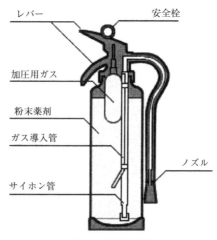

図 7.1 粉末消火器

e. 文化財施設における消火設備

手動消火設備の消火栓消火設備は一般に選択可能であるが，建物の規模が大きいときに自動消火設備として，これまでに述べたスプリンクラー設備，水噴霧消火設備，泡消火設備，粉末消火設備，ハロゲン化物消火設備，不活性ガス消火設備のなかから選択することになる．ただし消火設備については消防法令に細かな定めがあるので，施設設計の際に所轄の消防署とあらかじめ打ち合わせておかなければならない．

泡消火設備や粉末消火設備は消火剤による汚損を考えると勧められない．スプリンクラー設備，水噴霧消火設備は，博物館や美術館の資料が水によって汚したくないものであることから，収蔵庫・展示室では第一の選択とならない．展示室でもしスプリンクラー設備を採用しなければならない場合は，ヘッドの破損による思わぬ水損を防ぐために，火災感知器に連動してバルブを開放する予作動式のシステムを選択することが勧められる．

ハロゲン化物消火設備については，特別に許可された場合を除いてハロン消火剤が使用できなくなったことは，さきに述べたとおりである．

不活性ガス消火設備のなかで，二酸化炭素消火設備は人への安全性が大きな難点であり，イナート系消火設備については必要ガス量が多く，貯蔵容器の保管スペースが大きいなどの難点がある．また貯蔵施設が大きくなるというほかに，不活性ガス消火設備を用いるときはガスが吹き出したときに室内の圧力が高くなるので，そのための避圧口を設けなければならず，収蔵庫では避圧口の配置や空調との関係に考慮が必要である．

文化財施設ではどんな資料が燃える可能性があるかも考えておかなければなら

写真 7.6 窒素ガス放出ノズル

ない．収蔵されている多くの資料は木や紙でできている．本来は，ガス系消火剤は紙や木材などセルロース類の消火は不得意である．紙や木材などは表面の火は消えても，内部がまだくすぶっていて，鎮火後に再度発火することがあるので，対象物の内部まで温度を下げることのできる水系消火設備の方が確実に消火できる．そのため火災は早期に発見し，水バケツなどの簡易消火用具を用いて小火の内に確実に消火することが何よりも重要である．このほか，自然史系博物館ではアルコール漬けの標本を多く所蔵しているところがあり，そのような引火性の物がある場合の防火や消火をどうすればよいか，消火設備の適切な選択と防火管理の両面から，十分考慮しておかなければならない．

7.3 防　　火

　火災は一度起こってしまうと燃焼による被害だけでなく，消火剤による汚損被害も甚大なので，対策の大原則は「消火より防火」である．防火のためには，建物自体が燃えることを防ぐことと，隣り合う建物からの延焼を防ぐことの二つが大切である．西欧の中世都市では，土地をできるだけ有効に利用しようと隣地との境界線上に石造もしくは煉瓦造で構造壁が造られ，これが延焼防止のための防火壁としての役割も果たしたが，日本では近世に至るまで住宅の大半は木造で，延焼を防ぐには建物どうしの距離をできるだけとるしかなかった．それのできない人口密集地の江戸の町で，大火が頻発したことは，はじめに述べたとおりである．

　現在，日本では都市計画法に基づき市町村が防火地域および準防火地域を指定し，建築できる建物の防火上の構造を決めている．都市の中心部が防火地域として指定されることが多く，防火地域では建築基準法により，多くの人々が集まる一定規模以上の建物は耐火建築物としなければならない．耐火建築物は被災しても再び使用可能な建物のことをさし，木造の屋根を瓦や鋼板でふき，外壁や軒裏をセメントモルタル塗あるいは不燃材料張りとして延焼防止対策を施した防火建築と区別される．

　建物自体を燃えにくくするためには，火事にならないように火気の管理を十分に行う（防火管理する）こと，燃えにくい材料を使用する（難燃処理する）こ

7.3 防　　火

と，火事になっても一定の大きさ以上に広がらないようにする（防火区画を設ける）こと，できるだけ早期に発見すること（火災検知）が必要である．

　防火管理は昔からいう「火の用心」であり，消防設備などのハードウェアに対する，防火のためのソフトウェアをさす．具体的には，消防計画をたて，消防設備などの保守・点検の実施方法を定め，火気の管理や避難誘導，初期消火の役目を決めて避難訓練を定期的に行うことなどが含まれる．一つの建物の中に，博物館や美術館以外に事務所などが入った複合ビルなどでは，自分の組織だけでは防火管理ができないので，建物全体の共同防火管理体制を的確に運用していくことが最大の課題である．

　小火より大きくなった段階で，延焼を防ぐ最も有効な方法は，耐火構造の床，壁，天井で出火部分を取り囲み，火災を建物の一部分に閉じ込めることである．このためには，あらかじめ建物を耐火構造の床，壁でいくつかの防火区画に分けておく必要がある．これを建物の防火区画化という．収蔵庫の扉を防火扉にすることもその一つである．また部屋と部屋の境には扉やダクトなどの開口部が必ずあるから，火災が発生したときにこれらの開口部を閉じることが必要で，人間の出入口には防火戸，ダクトには熱，煙を感知して流入を防ぐ防火ダンパーが設置される．開放感を出すためか，入口がそのまま展示室につながっている博物館や美術館を時折見かけるが，外気の展示室への影響を小さくするためにも，文化財のあるエリアとエントランスの防火区画は必ず分けておくべきである．

　最近は入口のホールやアトリウムが吹き抜けになっているところが多いが，このような建物の場合，煙が上方に伝播し，たとえ火炎は及ばなくとも，展示室内に煙が充満するおそれがある．このため，防火だけでなく防煙も大きな課題となる．煙が充満すると，見通しがきかなくなって避難口誘導灯などが見つけられず脱出できなくなる．また内装材のなかには，刺激性ガスや有毒ガスを発生するものがある．例えば，羊毛，アクリル樹脂系繊維，絹，ナイロンなど窒素を含有する製品はシアン化合物を発生する危険があり，塩化ビニル樹脂などのハロゲン系物質はフッ化水素など刺激性のガスを発生し，金属を腐食させるおそれもある．そのような危険を防ぐために室内に入ってきた煙は排煙し，外から入ろうとする煙はシャッターや垂れ壁を降下させて透過を防止する方法が採用されている．

7.4 火災検知設備

火災検知設備は,火災を検出する検知設備(写真 7.7)と,検知器からの信号を受け警報を発する受信設備(写真 7.8)から構成されている.火災検知器は何を検出するかによって,熱感知器,煙感知器,炎感知器に分類することができる[6].

一般に煙感知器のほうが,熱容量の影響を受ける熱感知器より早く作動するといわれている.また熱感知器や煙感知器が火災を検出するためには,感知器のある場所に一定量以上の熱あるいは煙が到達する必要があるが,アトリウムなどの大空間では,火災で発生した熱や煙が感知器のある場所に到達するのに時間を要したり,到達するまでに熱や煙が拡散し温度や煙濃度が低くなって,火災の早期発見ができなくなったりするおそれがある.これに比べ,炎感知器は炎から放射

写真 7.7 光電式スポット型煙感知器

写真 7.8 火災報知器

される赤外線や紫外線を検出するので，空気の流れによる影響は受けにくい．ただし，燃えはじめのくすぶった状態では，炎感知器は作動しない．

　感知器の感度は高いほうが早く火災を発見できるが，感度を上げすぎるとたばこの煙などが原因となって，火災でないのに感知器が作動する非火災報が増えてしまう．このような欠点を防ぐために，複数の検出原理を組み合わせた複合式感知器や，情報の時間変化のパターンを判別する手法なども開発されている．

引　用　文　献

1) 斎藤　直：消火の化学と消火剤，化学と教育，**44**，110-111，1996.
2) 鈴木弘昭：新しい消火設備（1）新しい消火設備講座連載にあたって，空気調和・衛生工学，**75**，461-463，2001.
3) 長谷川晃一，佐々木元得，岩田安弘：新しい消火設備（2）水系消火設備，空気調和・衛生工学，**75**，595-598，2001.
4) 岡田　潤：新しい消火設備（3）ガス系消火設備，空気調和・衛生工学，**75**，711-715，2001.
5) 斎藤　直：ハロン規制への対応とハロン代替の新消火剤，安全工学，**35**，452-459，1996.
6) 関口浩幸，小林一喜：新しい消火設備（4）火災検知設備，空気調和・衛生工学，**75**，915-918，2001.

8
地　　震

8.1　地震と地震動

　地球を構成している岩石に急激な運動が起こり，地震波が発生する現象が地震である．地震の規模はマグニチュード（M）という単位で表される．20世紀以降に限っても，1960年チリ地震（M 9.5），1964年アラスカ地震（M 9.2），2004年スマトラ島沖地震（M 9.1），2011年東北地方太平洋沖地震（M 9.0）など，マグニチュード9を超えるような巨大地震がたびたび発生している．

　地震波が伝わった場所では地面が揺れ，この揺れのことを地震動と呼ぶ．同じ地震であっても，震源から近いか遠いかで地震動の大きさは異なり，建設地が硬い地盤であるか軟らかい地盤か，さらに建物の下層階であるか上層階であるかによっても地震動の大きさは異なる．そこで，ある地点での地震動の大きさを表すために，気象庁では震度1から7の震度階級を用いている（表8.1）．

表 8.1　気象庁震度階級

震度階級	計測震度	加速度 [gal＝cm/sec^2]
0	0.5 未満	0.8 以下
1	0.5 以上 1.5 未満	0.8〜2.5
2	1.5 以上 2.5 未満	2.5〜8
3	2.5 以上 3.5 未満	8〜25
4	3.5 以上 4.5 未満	25〜80
5 弱	4.5 以上 5.0 未満	80
5 強	5.0 以上 5.5 未満	〜250
6 弱	5.5 以上 6.0 未満	250
6 強	6.0 以上 6.5 未満	〜400
7	6.5 以上	400 以上

注：加速度は1996年以前の震度階級に対応し，現在の震度階級に対応する値は与えられていない．

8.2 地震の発生

　世界的にみると地震は太平洋をとりまく陸地の周辺，中近東から地中海にかけてと中南米で多発し，日本列島は世界でも有数の多発地帯に位置している．日本の大きな地震は，日本列島に沿って太平洋沿岸に延びるプレートの境界と，列島内部に発達する多くの活断層で起きている．前者の例としては，1703（元禄16）年に起きた元禄地震（M 8.2），房総半島沖の相模トラフの北端部で1923（大正12）年に起きた関東地震（M 7.9），三陸沖の太平洋海底で 2011（平成 23 年）年に起きた東北地方太平洋沖地震（M 9.0），がある．また南海トラフの内側，静岡，愛知，三重，和歌山の各県から高知県を含めその沿岸，沖合の一帯を震源域として，M 8 クラスの巨大地震が 100〜200 年程度の間隔で繰り返し発生している．1707（宝永 4）年の宝永地震や 1854（安政 1）年の安政東海地震・安政南海地震が代表的なものである．活断層で起きた地震の代表的なものは 1995（平成 7）年に起きた兵庫県南部地震や 2016（平成 28）年に起きた熊本地震である．

　地震による被害の程度は地震の規模だけでなく，他の要素によっても決まる．たとえば 1855（安政 2）年の安政江戸地震や兵庫県南部地震のように，人口が密集した地域の直下や近傍で地震が起きると大きな災害となるし，東北地方太平洋沖地震のように津波を伴うと被害はさらに広がる．文化財の寿命が 1000 年以上あることを考えるなら，その一生のなかで文化財は地震による被災を受けることは必ずあり，そのための備えは欠かせない．

8.3　地震による被害

8.3.1　地震による被害

　1703 年に発生した元禄地震による被害は関東南部一帯に及んだ．江戸では城中，大名屋敷，長屋などが崩壊，破損し，火災が発生して，総計で死者 5000 人以上，潰家 20000 戸以上に達した．そのようすは新井白石の『折たく柴の記』に詳しい．1923 年に発生した関東地震では，神奈川県南部，房総半島南東部の家屋の倒壊が 30% を超え，東京，横浜などで大火災が発生したため災害は甚大で，

死者・行方不明の合計は 14 万 2807 人にも及び，東京と横浜ではそれぞれ全戸数の 70％ と 60％ が焼失した．記録からみると鎌倉では，関東大地震のほうが元禄地震より大きな揺れがあったと推定され，このとき鎌倉大仏は前方，南 15° の方向に約 40 cm 移動し，膝頭を 30 cm もめりこませた[1]．

兵庫県南部地震では，博物館や美術館で展示・収蔵資料が収蔵棚，展示ケースの転倒，移動等によって損壊し，社寺や民家では地震の揺れやそれに伴う建物の損壊によって著しい被害を受けた[2,3]．震災後の文化庁調書や各種調査報告，館報に記載された 186 件の事例を解析した結果によると，被害は，地震によって直接文化財が影響を受けた場合（一次的被災）と，間接的に被害を被った場合（二次的被災）とに分けることができた．前者は文化財が転倒，落下などして被害を受けた場合であり，後者は地震によって起きた火災や津波・水害を受けて被災した場合である（表 8.2）．

一次的被災について建物内のどこで被害が多かったのか調べると，文書館では低層階より地震による揺れが大きかった高層階で被害が多かったが，博物館などでは必ずしもそのような傾向はみられなかった．その理由は，文書はどれも同じ形態で収納されるのに対して，博物館資料は絵画，彫刻，工芸，考古とその資料の多様性からさまざまな形態で収納されているからと考えられる．つまり地震による被害の多少は揺れのわずかな大小より，展示・収蔵の形態によるところが大きい．そのことは収蔵庫と展示室で被害の程度にほとんど差がなかった事実（収蔵庫で被害 27 件，展示室で被害 28 件）にも表れている[3]．

単純に考えれば収蔵庫では資料は丁寧に梱包され，展示室ではむき出しであるから，地震による被害は展示室の方が多そうである．しかし展示室では安定の悪

表 8.2 地震による美術工芸品の被害の分類

一次的被災
a. 移動（滑り）による被害
b. 転倒（傾き）による被害
c. 落下による被害
d. 揺れによる被害

二次的被災
a. 火災による被害
b. 水による被害

い彫刻などは観客に対する安全を考えて十分な固定をしているため，かえって地震に対しても安全であることが多い．反面，収蔵庫は学芸員など限られた人しか出入りしないために，一時的に（といいつつも実際は長期間）むき出しのまま仮置きすることがしばしばある．典型的な例が彫刻など立体展示物に生じた被害で，その半数以上が意外にも収蔵庫内で起きた（18件中11件）．またマップケースに鍵をかけていなかったために引き出しが飛び出してバランスを崩して倒れた例[3]や，収蔵庫の棚の上に何段も重ねて資料を積み上げていたために，収納箱が滑り落ちた例など，安全より取り扱いの便利さを優先していたために起きた被害が多い．これに対して，壊れやすい土器や陶磁器であっても保存箱に収納してあった作品はそのほとんどが，たとえ箱が落下した場合でも無事であったことが報告されている[3]．このことから作業や収納の効率，見栄えのよさだけを考えた展示収蔵方法を見直し，日頃から安全へ配慮することで地震の被害は軽減できると考えられる[4,5]．

　展示ケースや棚の転倒も目立ったが，奥行きが狭かったり，ケースの背面に大理石を貼り付けたりして，もともと安定が悪かったケースが転倒している（写真8.1）．改善の方法としてケース自体を安定のよいものにする，あるいは並んだ棚どうしを連結して倒れにくくすることが考えられる．展示ケースや収蔵棚を床面に固定した方がよいかどうかは，被害を解析した限りでは判断をつけにくい．展

写真 8.1 背面に大理石を張ってあったために転倒した展示ケース
（兵庫県南部地震）

写真 8.2 地震により1mも飛んで動いた展示ケース
（兵庫県南部地震）

示ケースを壁面に固定していたために倒れなかった例もあれば，展示ケースが地震の揺れに従って自由に動いたため倒れなかった例もあるからである．しかし開館中に地震が発生して，展示ケースが横滑りしたり飛び跳ねたりすれば（写真8.2），観客に危害を及ぼすおそれがあるので，免震対策を施していない展示ケースや棚は，原則的に床や壁に固定しておくほうが望ましいと思われる．

兵庫県南部地震後も，2004年の新潟県中越地震（M 6.8），2007年の能登半島地震（M 6.9）と文化財も被害を受ける地震災害が続いた[5]が，2011年の東北地方太平洋沖地震では特に津波による二次的被災が大きかった．波高10m以上の津波に襲われて1万8000人を超える死者・行方不明者が出ただけでなく，海岸に近い博物館・美術館では数多くの資料が津波を受けて被災し，旧家の所蔵する文書の多くも失われるなど甚大な被害があった[6~8]．また2016年の熊本地震では，重要文化財の熊本城や阿蘇神社などが倒壊する被害が生じた．二次的被災の火災対策については第7章，水害対策については第9章を参照してもらいたい．

8.3.2 地震の周期と建物の固有周期

地震には波長の短い速い揺れから，波長の長いゆっくりした揺れまで，いろいろな周期の波が含まれている．地震動を周波数ごとに分けたときに，最も多く含まれている周期を卓越周期と呼ぶ．卓越周期はおおむね1秒（1 Hz，1秒に1回の振動）程度以下であるが，地震波のうちで地表層の固有周期に近い成分が選択的に増幅され，軟らかい地盤上では比較的長い周期の揺れが卓越する．

一方，物体にはそれぞれ最も振動しやすい周期（固有周期）がある．この固有周期は通常の建物では 0.1 秒〜10 秒（10〜0.1 Hz）の範囲にあり，例えばコンクリート造りの建物は短い固有周期をもち，木造の建物では長い固有周期をもつ．もし建物が地震動を受けたときに，建物の固有周期と地震の卓越周期が一致すると，建物の揺れは共振によりいっそう大きくなって破壊される．関東地震後に山手と下町で木造の建物と土蔵の被害を調査したところ，木造の建物は下町で被害が大きく，土蔵は山手で壊れたという調査結果が得られた．長い固有周期をもつ木造の建物は下町の軟らかい地盤の揺れと共振し，短い固有周期をもつ土蔵は山手の硬い地盤の揺れと共振して被害が大きくなったと説明される．

このことから，地震による建物の被害を防ぐためには，単に建物の構造をしっかり造る（剛構造にする）のではなく，予想される地震動の卓越周期と一致しないように建物の固有周期を設計することが重要である．そのような考え方のもと，超高層ビルは長い周期をもつ柔らかい構造（柔構造）に設計し，揺れやすいが地震に対しては安全に造られている．日本古来の木造建造物も経験的にそのような考え方を取り入れて造られ，特に五重塔などは 1 秒以上の大変長い固有周期をもっていて，細長く高い建物であるにもかかわらず地震で倒壊することなく，長い時代を経て現在まで残されてきた．

しかし建物を柔構造にするということは，必ずしも地震による揺れを小さくすることではない．むしろ揺れの周期が長くなることによって，地震による力が長い時間一方向にかかることになり，展示・収蔵資料が転倒する危険は大きくなる．また後で述べる免震装置も，超高層ビルにおけるような長周期の揺れを想定して設計されていないので，期待される免震性能は保証されない．その意味で建物の耐震性と展示・収蔵資料の安全性とは一致しないので注意を要する．

8.3.3　ロッキングと転倒の条件

兵庫県南部地震ではケース内に展示されている資料が転倒したり，滑って落下したりする被害が多く見受けられた．展示ケースや収納棚は自体が転倒しないだけでなく，ケースや棚が傾いて中にある資料が転倒しないように考慮しなければならない．そのため展示ケースや収納棚の耐震設計については，家具などとは違った考え方が必要である．

底辺の長さ B，高さ H の角柱が傾き始める（ロッキングを起こす）条件は，

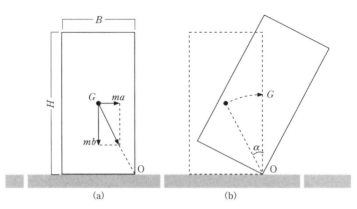

図 8.1　角柱にかかる力と動き

　角柱にかかる水平方向の加速度を a, 垂直方向の加速度を b とすると，次の式で与えられる（図 8.1）[9]．

$$\frac{a}{b} > \frac{B}{H}$$

底辺の長さ 100 cm, 高さ 250 cm の大きさの独立展示ケースを例にとると，

$$\frac{B}{H} = \frac{100}{250} = 0.4$$

1978 年の宮城県沖地震では，水平方向の加速度 299 gal, 垂直方向の加速度 220 gal（東北大学波）であったから，重力加速度を 980 gal として，

$$\frac{a}{b} = \frac{299}{(980-220)} \fallingdotseq 0.39$$

すなわちこの独立展示ケースは，宮城県沖地震クラスの地震にあうとロッキング条件に近くなり，傾くおそれがある．

　それではケースの底に砂袋などのおもりを入れて重心を下げるとどうなるだろうか．ケースの天井も含めた上半分がすべて厚さ 8 mm のガラス（密度 2.5）でできていて，底を含む下半分がすべて厚さ 2.5 mm の鉄板（密度 7.9）でできていると仮定し，そのほかの展示床面の木材などの重量は無視すると，展示ケース全体の重さはおよそ 240 kg となる．おもりを入れない場合，全体の重心 G はケースの中央，下から 125 cm の位置である．もしケースの底に 30 kg のおもりを入れたとすると，重心 G は下から約 111 cm の位置に下がる．これからケース

のロッキング条件は（図8.1），

$$\frac{B}{H} = \frac{50}{111} = 0.45$$

となって，ケース重量の10%強のおもりを底に入れたことにより，宮城県沖地震のような強い地震が起きてもケースが傾く危険は少なくなる．

ケースは傾いてもすぐに倒れるわけではない．ケースの転倒条件は，地震による力が一方向にどれだけの時間作用するか（地震の速度）によっても左右されるので，もっと複雑な解析が必要である．展示ケース用免震装置を設計する際には，一般的に縦10 cm，横10 cm，高さ100 cm程度の木製の角柱を標準的な資料モデルとしている．この場合の転倒条件は，石山の研究によれば[10] 加速度が約100 gal，速度約10 cm/sec，変位約1 cmである（図8.2）．実物の独立展示ケースを用いた免震実験でも，100 gal以下に加速度を軽減すれば免震台上の角柱は転倒しないことが確認され，展示ケース用機器免震装置は兵庫県南部地震波に対して100 gal以下，すなわち約10分の1以下に免震台上の揺れの強さを軽減するよう設計されている．しかし資料が不安定な形状をしているときは，資料の底におもりを入れて重心を下げるなど，さらに資料を倒れにくくする工夫が必要である．またさきに述べたように長周期の揺れをもつ超高層ビルのような建物

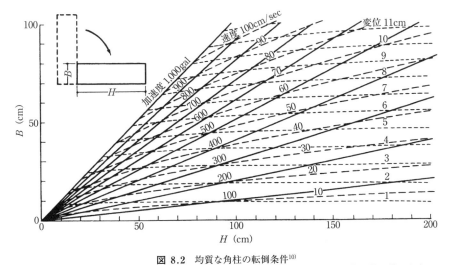

図 8.2 均質な角柱の転倒条件[10]
角柱の横幅 B と高さ H によって決まる点が，与えられた加速度，速度，変位の値の線より左上にくれば転倒しない．

では，より長い時間一方向に地震の力が作用するので，単に加速度を低減しただけでは転倒を防げない．

8.3.4 鎌倉大仏の地震対策

鎌倉大仏を 1959～1961 年にかけて修理したときには，地震対策として大仏の載っている基壇を免震構造にする工事も行われた[1]．今から 40 年以上も前にこのような工事が行われたことは注目に値する．当時調査にあたった東京大学地震研究所の河角　広の試算によると，由比ヶ浜周辺では 500 gal までの加速度に耐える建物を設計したとしても，建物の耐震性を保証できるのはたかだか 70 年と考えられた．そこで河角は，鎌倉大仏のようにもっと長い年月保存する文化財の場合には，構造を頑丈にして耐震性を高めるより，大きな地震が起こった場合，大仏が滑って動いて地震力を逃がすことをすすめている．基壇の免震工事はこの

写真 8.3 鎌倉大仏基壇の免震工事[1]

考えに基づいて行われた．

修理工事では，大仏の下部に2本ずつ組み合わせたレールを差し込んで27台のジャッキで120 t もの重さのある大仏を58 cm持ち上げ，受け台で支えたのち（写真8.3），既設のコンクリート台座の上にさらに30 cm厚の鉄筋コンクリート板を打ち込み，その上に花崗岩（御影石）を碁盤目状に貼り詰めた．大仏の下面には厚さ3.2 cmのステンレススチール板を仏体に合わせて取り付け，地震の際にはこのステンレススチール板と花崗岩の間で滑るように設計されている．何かの拍子に大仏が簡単に滑っては危険なので，花崗岩の表面はある程度粗にして滑りにくくするなどの工夫を施している．

8.4 展示収納機器の地震対策

展示収納機器の地震対策は表8.3のように分類できる．展示台に砂袋を入れて重心を下げ転倒を防ぐこと，棚に施錠すること，試料が倒れても互いにぶつからないよう左右に余裕をもって並べること，保存箱に収納することなどは昔から経験的に行われてきたことである（写真8.4）．兵庫県南部地震でもその効果が確かめられ，伝統的な展示収蔵方法から学ぶべきことは多い．また伝統的な方法に限らず，東北地方太平洋沖地震や熊本地震では，地震対策をとっていた館では資料への被害が軽減されたことが報告されている．しかし地震対策だけが突出することは避けるべきである．例えば社寺などで転倒を防止するために，あまりに頑丈にロープやワイヤーで収蔵品を固定することは見た目だけでなく，火災時に迅速に搬出しなければならないことを考慮すると最善の選択ではない．

表 8.3 展示・収納機器の地震対策

(1) 機器，材料類

目　的	資料周辺用具等	展示ケース，収納棚等
転倒防止 落下防止 破損防止	免震装置，支持棒，低重心台 吊り金具（フック，S環等） 緩衝材，保存箱	免震装置，抽出の施錠 木製棚板，飛び出し止め，照明器具の固定 合わせガラス，飛散防止フィルム

(2) 作品の固定

可逆的方法	ナイロン糸，ワイヤー，ピン等
非可逆的方法	ワックス，粘着マット

156   8. 地　震

写真 8.4 飛び出し止めの帯を掛けた
　　　　　　屏風収納ラック

a. 免震装置

　免震装置は，建物全体を対象にする建物免震，特定の階層のみを対象にした床免震，特定の展示ケースまたは展示ケースの中の展示台等のみを対象にする機器免震の3種類に分類される．建物については，地震の揺れとは逆方向に大きなおもりを動かすことによって，建物の揺れを小さくする装置も利用されている．この場合は免震ではなく制震（アクティブ制震）と呼ばれる．

　機器免震装置は元の位置に戻すための復元装置と，揺れを小さくする減衰装置を組み合わせて作られている（表8.4）．前者の例がコイルバネで，後者の例がオイルなどの粘性流体，空気，ガスを用いたダンパーや摩擦板である．傾斜をつけたレールや台の上を動くローラー，ベアリング（写真8.5）は重力や摩擦力により，その両方のはたらきをする．

　前後左右の揺れを制御する二次元免震と，上下方向の揺れにも対応する三次元免震があるが，上下方向の揺れに対してはバネを用いるしかなく，三次元免震は装置が複雑で厚みが大きくなる欠点がある．ただし水平方向に大きく張り出しのある彫刻などで，大きい垂直加速度を受けると支点に力がかかって危険な場合には，三次元免震を考慮する．

　免震装置を使用する際は，免震装置が揺れをゼロにするものではなく，大きな地震が起きると免震台の上でもある程度の揺れがあることを了解し，不安定な資

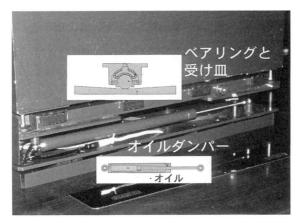

写真 8.5 ボールベアリングと凹面受け皿を組合せた免震装置付の展示台
内部が見えるように周囲のカバーを取り外してある．

表 8.4 免震装置の種類

(1) 免震の対象

a.	基礎免震	建物全体
b.	床免震	特定の階層
c.	機器免震	展示ケース，展示台

(2) 免震の方法

荷重支承機構		復元力	減衰力
a.	ローラーと凹面レール	走行面の斜面	走行抵抗
b.	ボールベアリングと凹面受け皿	同上	ダンパー
c.	偏心ローラーとレール	回転面の偏心	ダンパー
d.	ベアリングと凹面レール	走行面の傾斜	摩擦板，ダンパー
e.	ベアリングと摩擦板	コイルバネ	同上
f.	ローラーと摩擦板	同上	同上

料についてはナイロン糸等を用いて固定しておくことが必要である．

また免震機器の周囲には 20 cm 程度のストロークを必要とするので，設置の際，免震台の前後左右に十分なゆとりをとること，ケース自体の重量も含めれば免震独立展示ケースの場合，一般に 300 kg/m^2 以上の床の耐荷重が必要であること，大きな免震展示ケースは移動が困難なので，将来の展示替えの可能性も考えて配置を決める必要があることなど，免震機器の導入にあたっては事前に考慮

すべきことがある．

b. 絵画用吊り金具

兵庫県南部地震による被害を調査したなかで，収蔵庫内の引き出し式網戸（ラック）にS字状の吊り金具（S環）で掛けられていた絵画が落下して傷んだ例が目立った．そこで7種類のS環について強度試験を行った結果（表8.5）によると，金具の太さ，形状，材質について留意すべき点が次のように明らかになっている[11, 12]．

i) 太 さ

兵庫県南部地震以前に広く用いられていたS環の太さは直径4 mm程度であるが，その引張り強度は390 N前後で，静止荷重には耐えられても地震時の衝撃力に対しては十分ではないために，地震でS環が伸びて多くの絵画に被害が生じた．6 mmϕの太さがあれば，市販されているS環でも引張り強度は1200 Nあり，S環をかける金具のネジの額板からの引き抜き強度（およそ980 N程度）を考えれば実用上は十分である．

ii) 形 状

同じ太さであってもS環の強度は形によって大きな違いがあり，材料の引張り強度ではなく曲げ強度に依存していることがわかる．内径が小さく，引張り力が金属にまっすぐかかるような形のS環（写真8.6）ほど引張り強度が大きく，

表 8.5 S環とその引張り強度

材 質	寸 法 [mm]			引張り強度 [N]
	太 さ	長 さ	内 径	
鉄	3	72	38	176±13
	3	54	28	225±34
	4	87	33	343±17
	5	150	43	519±88
	6	75	26	1205±43
	9	90	30	3548±67
ステンレススチール (SUS304)	5	131	8	3067±88

注1：引張速度　50 mm/分
注2：「長さ」とはS環の縦方向に取った最大長，「内径」は彎曲部の内径を表す．
注3：ステンレススチール製のS環にははずれ止めが上下に付き，軸部に直径1.6 mmの鉄線でできたストッパーを差し込む直径約2 mmの穴があいている．

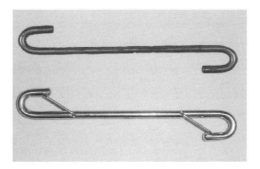

写真 8.6 大きな強度をもつ S 環の例. 下のものははずれ止めのストッパー付き.

そのような形の S 環なら 5 mmϕ の太さで十分な強度がある.

 iii) 材　質

　S 環の多くは鉄（鋼）またはステンレススチール製で, その曲げ強度はいずれも 5 mmϕ の太さで鉄 1049 N, ステンレススチール 1411 N と大きな差はなかった. また材料自体の引張り強度は曲げ強度に比べてずっと大きいので, どちらを用いても違いはない. ただステンレススチールを用いたほうが耐腐食性があって錆びにくく, 鉄を用いる場合にはメッキを厚くしたほうがよいといえる. また見た目はまったく変わらないが, 黄銅にニッケルメッキを施した S 環も市販されていて, 強度がやや落ちるので重い資料に使用する場合には確認が必要である.

 iv) 掛かりの深さ

　兵庫県南部地震では揺れにより絵画が少なくとも上下に 3 cm 程度飛び上がったと推定され, 掛かりが浅いと S 環に強度があってもはずれる危険があるので, 上下に揺れても作品が S 環から飛び出さない掛かりの深さが必要である. 日頃の取扱は面倒になるが, バネやゴムのストッパーがついた S 環（写真 8.6 下）を使用することも一案である.

 v) 取り扱いやすさ

　掛かりをあまり深くしたり複雑な形状にしたりすると, S 環への取り付け, 取り外しが不便になり, かえって使用しにくく結局は用いなくなる. 日頃の取り扱いも考慮して, 安全と取り扱いやすさの両方を備えたものを選択すべきである.

c. ナイロン糸

　陶磁器や土器など底面が小さく不安定な資料の展示には, 透明なナイロンの釣

表 8.6 ナイロン糸とその引張り強度

釣り糸の号数	太さ [mm]	引張り強度 [N]
3	0.285	35±2
4	0.33	51±3
5	0.37	62±0.6

り糸が支えとしてよく用いられている．しかし引張り強度を調べてみると，ナイロン糸の引張り強度は数十N程度しかなく（表8.6），それを超える重量の作品の支持をナイロン糸に頼ることは危険である．たとえば少し大きめの土器の重さは5kg以上あり，衝撃力が加わるとナイロン糸は簡単に切れてしまう危険がある．もしナイロン糸の代わりにワイヤーを用いる場合は擦れて資料表面を傷つけてしまうおそれがあるので，軟らかいプラスチックチューブに通したものを用いる．さらに脆弱な資料では，ワイヤーの力の掛かった部分が壊れるおそれがあるので，その場合には免震装置を使用しなければならない．

d. スチールワイヤー

スチールワイヤーは絵画を吊り下げるためにもよく用いられている．ワイヤーそのものの引張強度は1000N以上あるが，実際の強度はワイヤーをつないでいる部分で決まるために，全体の引張強度はその4分の1程度しかない．このほか，ワイヤー留め金具をゆるめればワイヤーの長さを調節でき，急に引っ張ると金具がワイヤーを噛んで抜けないようにしたフックが展示に用いられている．このようなフックについて，太さ2mmφのワイヤーに19.2kgのおもりをつけ8cmの高さから落として調べたところ，ほとんどのワイヤーが留め具の部分で切断されてしまった[13]．現在は改良された留め具も市販されているが，ワイヤーの強度を過信することは禁物である．

e. 固着剤

作品の固定には従来，ナイロン糸やワイヤー，ピンなど，文化財に対して後に影響を残すおそれのない材料が使用されてきた．ところが，兵庫県南部地震後にワックス，粘着マットなど展示物に直接塗布したりして固定させる固着剤が，陶磁器などに使用されるようになった．その性能面からみると，市販されているワックスや粘着マットは，小さな青銅像なら圧着後逆さまにしても落ちないほど固着力は大きく，地震の揺れに対する有効性は高い．

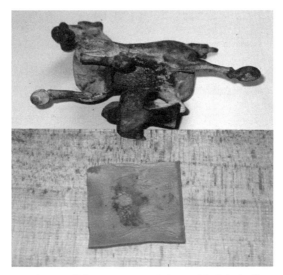

写真 8.7　粘着マットによって剥離した青銅器表面の錆

　反面，欠点として固着力が強いために，引きはがすときに作品の表面が剥離することがある（写真8.7）．また長期間資料と接触させたときに，固着剤に含まれる低分子成分が滲出して木製品などの展示物にしみ込んでいくおそれがある．さらに土器など多孔質のものの場合，剥離後も完全に除去できないため表面に残った固着剤に埃などが付着して汚くなり，使用可能な資料は限られる．固着剤の使用については，地震に対する配慮だけではなく，文化財への長期的な影響も考えるべきで，一般的には使用を勧めない．

引　用　文　献

1) 高徳院国宝銅造阿弥陀如来坐像修理工事報告書，高徳院，1961.
2) 全国美術館会議編：阪神大震災美術館・博物館総合調査（報告 I, II），1995/1996.
3) 文化財保存修復学会編：文化財は守れるのか―阪神・淡路大震災の検証，クバプロ，1999.
4) 文化財（美術工芸品等）の防災に関する手引き，文化庁文化財保護部，1997. http://www.bunka.go.jp/seisaku/bunkazai/hokoku/bunkazai_bosai.html（参照 2016 年 10 月 4 日）
5) 日高真吾：災害と文化財―ある文化財科学者の視点から，国立民族学博物館，千里文化財団，2015.

6) 東北地方太平洋沖地震被災文化財等救援委員会事務局：東北地方太平洋沖地震被災文化財等救援委員会平成 23 年度活動報告書，2012.
7) 東北地方太平洋沖地震被災文化財等救援委員会事務局：東北地方太平洋沖地震被災文化財等救援委員会平成 24 年度活動報告書，2013.
8) 東北地方太平洋沖地震被災文化財等救援委員会事務局：語ろう！　文化財レスキュー──被災文化財等救援委員会公開討論会報告書─，2013.
9) 三浦定俊：収納展示機器の地震対策，文化財保存修復学会誌，**45**，128-140，2001.
10) 石山祐二：家具の耐震安全性，非構造部材の耐震設計指針・同解説および耐震設計・施工要領，日本建築学会，1985.
11) 三浦定俊：絵画用 S 環の安全性の評価，文化財保存修復学会誌，**41**，38-45，1997.
12) 三浦定俊，早川泰宏：絵画用 S 環の安全性の評価 (2)，文化財保存修復学会誌，**42**，41-46，1998.
13) 田中千秋：絵画作品への地震対策，石橋財団ブリヂストン美術館・石橋美術館報，**48**，66-68，2001.

9

気象災害

9.1 気象災害と異常気象

　大雨，強風，雷などの気象現象によって起きる災害のことを気象災害という．気象災害は人間の暮らしと自然とが接する場所で起きる．例えば南国では台風，北国では豪雪による気象被害が起きやすいが，それらの地域では台風や豪雪が秋や冬に起きることは，住む人々に昔から知られているので，日頃からの備えがあることが多い．しかし台風や豪雪などの気象現象が，普段起きない時期や地域あるいは規模で発生すると甚大な被害が起きやすい．それが異常気象（extreme climate event）である．気象災害によって起きる被害はそこに住む人々の生活だけでなく，その地域にある博物館・美術館・資料館などにも，多大な被害を与える．この章では気象災害を引き起こしやすい異常気象について，博物館資料保存の立場から解説する．

　気象庁の定義によれば，異常気象とは「気象や気候がその平均的状態から大きくずれて，その地域や時期として出現度数が小さく，平常的には現れない現象または状態のこと」である．「平常的には現れない現象」とは「一般に過去の数十年間に1回程度しか発生しない現象のことで，統計的な取り扱いの必要性と人間の平均的な活動期間を考慮して，期間の長さに30年間を採用していることが多い」としている[1]．

　これに対して，極端な高温または低温や，日降水量が100 mm 以上に及ぶような大雨なども異常気象にひとくくりにされることがあるが，異常気象が「30年に1回以下」のかなり稀な現象であるのに対し，このように特定の指標を超えるような現象は毎年比較的頻繁に起こる現象まで含んでいる．そこで，気象庁では基準を明示したうえで極端現象（extreme event）と呼んで区別している[1]．

異常高温を例にとると,「月平均気温の平年値との差が同月における標準偏差の2倍以上」であれば異常高温と見なすことができる.ここで「平年値」とは過去の30年間の測定値の平均で,現在は1981～2010年の間の平均が平年値として用いられている.測定値が正規分布していると仮定した場合,平均値から標準偏差の2倍までの範囲に全体のデータのおよそ95%が含まれるので,「標準偏差の2倍以上」平均値と開きがある測定値は全体の5%(片側では2.5%)しか含まれないことになる.このようなことは30年間に1回以下のかなり稀な現象であり,異常気象の定義に該当することになる.

9.2　日本における気象の長期的変化傾向

上にも述べたように,気象では平常値を過去30年間の測定値の平均と定め,それを平年値と呼んでいる.平年値は毎年変更されるわけではなく,気象庁が切りのよい10年ごとに見直しをして決めている.このため2001年から2010年の間は1971～2000年の平均値が平年値として用いられていた.長期的にみると,異常であるかどうかを判断する根拠となる平年値そのものも,時間とともに変動していく.文化財の保存のように長い時間のスパンで考えなければならないものについては,このような気象データ平年値の長期的変化についても注意を払う必要がある.

日本の平均気温はこの100年あまりの観測記録からみると上昇傾向にあり,100年あたり1.14℃の割合で上がってきている(図9.1).世界的にみてもこのような上昇傾向があり,地球温暖化がおもな要因であるとされている[1].降水量については気温のように,はっきりした長期の変化傾向は見られないが,1970年代以降は年による降水量の変動が大きくなっている(図9.2).また異常小雨や,日降水量が100 mm,200 mmを超える大雨の起きる年間の回数が増加する傾向がみられ,地球温暖化の影響が現れている可能性がある[1].日本各地に配置されたアメダスの観測結果からは,1時間の降水量が30 mm以上(激しい雨),50 mm以上(非常に激しい雨),80 mm以上(猛烈な雨)といった,短時間強雨の発生頻度が増加していることがわかる(図9.3).また近年の30年間と20世紀初頭の30年間を比較すると,100 mm以上の日数は約1.2倍,200 mm以上の

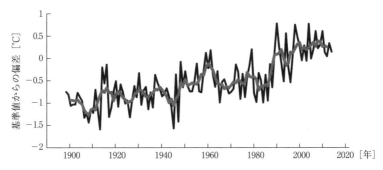

図 9.1 日本の年平均気温偏差[2] (1981〜2010 年の平均からの差)
灰色線は 5 年移動平均を示す．増加割合：1.14℃/100 年

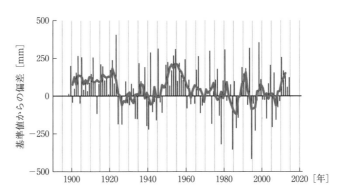

図 9.2 日本の年降水量偏差[2] (1981〜2010 年の平均からの差)
灰色線は 5 年移動平均を示す．

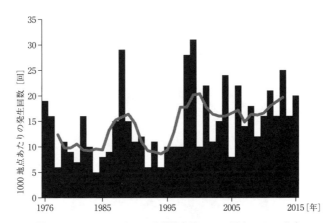

図 9.3 アメダスによる 1 時間降水量 80 mm 以上の 1000 地点
あたりの大雨の年間発生回数[1]
灰色線は 5 年移動平均を示す．増加割合：2.3 回/10 年

日数は約 1.4 倍と大雨の出現頻度は増加している．これらのことも地球温暖化で対流圏大気の気温が上昇し，空気に含まれる飽和水蒸気量が増大しているためではないかと考えられている[1]．

9.3　異常気象の影響

異常気象が人の生活にあたえる被害として甚大なものは水害である．「平成 27 年 9 月関東・東北豪雨」(2015 年) では，関東地方北部から東北地方南部の広い地域で 24 時間雨量が 300 mm 以上の豪雨が降った．特に栃木県日光市では 24 時間雨量が 500 mm を超え，鬼怒川下流の茨城県常総市では堤防が決壊して市内の広範囲が水没するなど，きわめて大きな被害が出た．

博物館資料の被害については，例えば 2013 年 7 月 28 日の島根県と山口県の大雨では，島根県津和野町で 24 時間雨量 381 mm という猛烈な雨が降り，山口県萩市の須佐歴史民俗資料館の館内に 1 m 以上の浸水があり所有する資料に被害が出た（写真 9.1, 9.2）．また 1998 年 9 月 24～25 日にかけての高知豪雨では，24 時間降水量が 861 mm という非常に激しい雨が降り，高知県立美術館の周囲を流れる国分川と舟入川が氾濫して美術館の建物が水没し，展示されていた県展の作品などが水につかり大きな被害を受けた．

このように近年では博物館・美術館資料が水害を受けることは稀ではない．この理由として豪雨の増加もあるが，過去にはそれほど大雨が降っていないため日頃の備えがない地域や時期に，異常気象の影響で猛烈な雨が降り被害が起きてい

写真 9.1　水損した金属資料の錆[3]

写真 9.2 水損した展示ケースに発生したカビ[3]

る例が多い．また人為的な要因として，人間の生活空間が広がったために昔は住むことを避けた低湿地や埋立地などにまで人が住むようになり，そこに博物館などの公共施設が建設されるようになったことも大きい．

9.4 水害対策

本来なら博物館・美術館の立地として，災害のおそれのない場所を選ぶことが防災対策として最優先されるが，もし建設予定地として選択肢がない場合や，すでに建てられた施設の場合は，その場所で可能な限りの対策をたてておく必要がある．

最初に，施設のある地域ではどのような災害が起きる可能性があるかを把握する．これにはハザードマップが役立つ．ハザードマップは国土交通省[4]や各市区町村が出している．ハザードマップでは洪水などによる浸水だけでなく高潮，津波，土砂災害，火山の危険の程度を場所ごとに知ることができる．また予想される浸水区域とその深さ，避難区域，避難方向が示されているので，施設の防災対策をたてるにあたってはこれらのことを参考にしなければならない．

施設のある地域での浸水可能性の程度がわかったら対策をたてる．例えば正面入口や搬入口などが斜路になっていて，周囲の水が施設に流入する危険がある場合，ハザードマップ以上に浸水するおそれが高いので，非常時に浸水を防ぐ手立てを考える．入口の手前に遮水壁を用意しておくか，すぐ持ち出せるように土のうを準備しておく．土のうには昔からある袋の中に土砂を入れたタイプと，高吸

水性ポリマーを入れた新しいタイプのものがある．高吸水性ポリマーを入れたタイプのものは，普段は小さくて水を吸うと重くふくらむが，水の流れが強く激しくなってからでは，土のうが流されて設置できなくなってしまうことに注意を要する．土のうは室内で水が出たときにも有効である．

浸水した場合も考えて地下には重要な資料などを置かないようにする．室温が安定しているとして地下に収蔵庫を設置している施設もあるが，異常気象が進んで洪水や浸水のおそれが高くなることを考えると，地下に収蔵庫があることは好ましいことではない．地下に収蔵庫がある場合は，もしものことを考えて資料を床置きすることや一番下の棚に資料を置くことは避けたい．

建物の屋根や壁面もよく点検しておく．亀裂があるとそこから建物内に浸水し思わぬ所に広がっていくので，被害が生じてからでは原因の追究に時間と手間がかかる．特に傾斜のない平面上の陸屋根をもった建物では，落ち葉などで排水口がふさがって雨水が溜まり，防水層が切れた箇所から建物内に浸水して被害を起こすことが多い．そのような構造の建物では日頃から点検とメンテナンスを丁寧に行っておくべきである．特に普段の降水・降雪等では問題が起きなくても，想定していない量の大雨や大雪では施設に思わぬ被害が起きて浸水が起きやすい．豪雨・豪雪，台風の後には必ず施設周囲の見回りをして，異常がないか点検したい．また直後に施設を点検するだけでなく，数日経ってから壁や天井から水がしみ出してきたりするので，しばらくは丁寧に見回りすべきである．

もし資料が水害を受けたときには修復処置を行わなければならないが，東日本大震災などの経験をもとに，文書類については被災資料が大量の場合は凍結処理装置で凍結してから凍結乾燥処置し，少量の場合はスクウェルチ法（Squelch-drying technique）と呼ばれる方法で乾燥させることが有効であるとされている[5]．

引 用 文 献

1) 気象庁：「異常気象レポート 2014」，2015 年 3 月．
   http://www.data.jma.go.jp/cpdinfo/climate_change/2014/pdf/2014_full.pdf（参照 2016 年 8 月 18 日）
2) 気象庁：「気温・降水量の長期変化傾向」，2015 年 12 月 1 日．
   http://www.data.jma.go.jp/cpdinfo/temp/index.html（参照 2016 年 8 月 18 日）

3) 日高真吾：2013 年 7 月 28 日発生の中国地方豪雨で被災した文化財調査報告書 http://jsccp.or.jp/data/disaster/dis_1307hagi_report.pdf（参照 2016 年 8 月 22 日）
4) 国土交通省ハザードマップポータルサイト　http://disaportal.gsi.go.jp/（参照 2016 年 8 月 22 日）
5) 小野寺裕子，佐藤嘉則，谷村博美，佐野千絵，古田嶋智子，林　美木子，木川りか：津波等で被災した文書等の救済法としてのスクウェルチ・ドライイング法の検討，保存科学，**51**，135-155，2012.

10

盗難・人的破壊

　エジプトのピラミッドの墓荒らしに限らず，中国の皇帝の墓，日本の古墳など，美術館や博物館のできるはるか昔から，文化財は盗難（theft）の被害にあってきた．レオナルド・ダ・ビンチ（1452〜1519）の描いた「モナリザ」も盗難にあったことがある．「モナリザ」を入れる展示ケースのガラス職人が仲間と一緒にルーブル美術館から盗み出したが，2年後の1913年に発見されて，無事ルーブル美術館に戻された．近年の絵画盗難として有名なものは，1985年に起きたパリ・マルモッタン美術館でのクロード・モネの代表作「印象—日の出」などの盗難である．盗まれた絵は1990年にイタリアのコルシカ島で発見され，美術館に戻された．また盗難だけでなく，作品が意図的な破壊（vandalism，バンダリズム）にあうことも少なくない．ミケランジェロのピエタ像，レンブラントの「夜警」などの事件は有名である．

　わが国においても社寺や美術館などから文化財が盗まれることは珍しくなく，文化財に対する落書きなどのいたずらや意図的な破壊も報告されている．日本は治安のよい国として，これまで防犯はそれほど強調されることはなかったが，近年の犯罪の増加と国際化の傾向をみると，防犯カメラや防犯センサの設置，夜間の警備，通報連絡など防犯体制の整備が，博物館，美術館においても欠かせなくなっている[1]．

10.1　防犯環境設計

　防犯のためには単に防犯カメラや防犯センサを設置するだけではなく犯罪が起きにくい環境を，建物のハード面と職員，警察などによる防犯活動のソフト面の両方から，総合的につくっていくことが重要である．このように犯罪が起きにく

い環境をつくって犯罪を防ごうとする方法を防犯環境設計と呼び，欧米では1970年代から行われ，CPTED (crime prevention through environmental design：環境設計による犯罪予防) と称している[2,3]．

防犯環境設計には，(1) 対象物の強化，(2) 接近の制御，(3) 自然監視性の確保，(4) 領域性の確保という四つの原則がある．(1) と (2) は直接的な手法で，(3) と (4) は間接的な手法であるといえる．

(1) 対象物の強化（target hardening）

犯罪の対象となっている建物の入り口や開口部を強化することで，物理的に犯行に対抗し，あるいは侵入者の意欲を低下させる．具体的には，出入口や窓の錠や扉，ガラスなどを強化し，建物への侵入を防ぐ．

(2) 接近の制御（access control）

建物への接近を物理的・心理的に制約して，犯行を未然に防ぐ．侵入の際に足場や手がかりとなりそうなものを除去することなどが一例である．

(3) 自然監視性の確保（natural surveillance）

屋外に周囲の人の目が自然と届くような環境をつくって，不審者の建物への接近や侵入を監視しやすくする．具体的には，外部照明の改善，視線を遮るものの除去による街路や窓からの見通しの確保などを行う．

(4) 領域性の確保（territoriality）

隣接地との境界を明確にすることなどにより，その場所にふさわしくない者の侵入・滞留を抑制する．領域性の確保は，自然監視性の確保とあわせて行うことが重要である．

10.2 防犯診断

防犯環境設計をするためには，既存の建物では防犯診断を行って，その建物の防犯性の弱い箇所を見つけ，改善していく．診断は前面の道路・隣地などが侵入のための経路になるおそれがないか，また周囲からの見通しがきいているかどうかなど，建物周囲の診断からすすめる．次に敷地出入り口から開口部までの間の進入経路を想定し，その間の「見通しの良し悪し」や「人目の多少」を診断する．さらに正面出入り口，通用口，搬出入口，窓など建物の開口部の耐破壊性，

耐ピッキング性等の防犯性能を調べて，強化が必要な場所は改善する．ただし構造や設備を改善するときは，全体の防犯性能を向上しないと意味がないので，推測される各侵入経路について防犯性能のグレードに大きな違いがないように注意する．

10.2.1 侵入の経路と方法

犯行の統計をとると，事業所の建物内への侵入は扉や窓など開口部からが多く，特に1階ではガラス戸を壊して侵入する手口が全体の4割と目立っている[4]（図10.1）．この傾向は一戸建て住宅やマンションなどの共同住宅でも同様である．また侵入方法は，ピッキングと呼ばれる特殊工具を用いた錠破りや，窓のガラスを破り，内側から鍵を開けて内部に侵入する手口が多い（図10.2）．

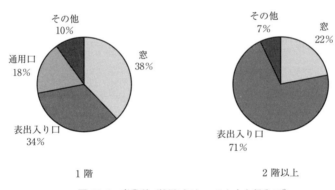

図 10.1 事業所（雑居ビル）へのおもな侵入口[4]

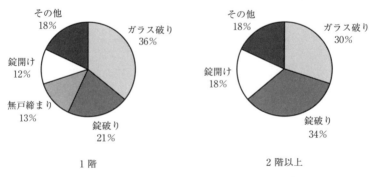

図 10.2 事業所（雑居ビル）へのおもな侵入方法[4]

10.2 防犯診断

ガラス破りには，マイナスドライバーなどを窓枠とガラスの隙間に差し込んでひびを入れて，音を出さないようにガラスを破壊し，周りに気づかれないよう密かに侵入する「こじ破り」や，破壊音をあまり気にせずにバールやハンマーでガラスを破壊し，住人や警備員などが駆けつける前に数分で目的を達成しようとする「打ち破り」の手口が用いられる（表10.1）．

侵入に要する時間はほとんどが数分以内である．逆に侵入にどのくらい時間がかかるとあきらめるかを調べると，5分かかると約7割が，10分かかると9割が侵入をあきらめる（図10.3）．扉の錠や窓ガラスを強化して侵入に時間がかかるようにすることが，防犯のために大切である．

シャッターや雨戸などの防犯性能を評価したものが表10.2である．雨戸はは

表 10.1　ガラス破りによる侵入の手口

手口	道具	侵入対象
こじ破り	小型（小開口） ポケットに入れて持ち歩ける軽量のドライバー，ペンチ，スパナなど	住宅
打ち破り	小型（小開口） ポケットに入れて持ち歩ける軽量のドライバー，ペンチ，スパナなど	住宅
	中型（小開口） コートの中に忍ばせたり，小型バッグ等に入れたりして運べる小型のバール，プライヤー	住宅・店舗・事務所
	大型（大開口） 小型のバッグ等で運ぶことが困難な大型のバール，ハンマーなど	店舗・事務所

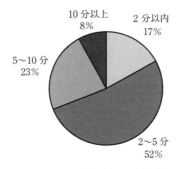

図 10.3　侵入をあきらめる時間[2]

表 10.2 開口部の防犯性能評価実験

供試体		破壊手段	抵抗時間	最大騒音 [db]
シャッター	手動	錠破り（バール）	18 秒	103
	電動		58 秒	98
横引き雨戸	錠下のみ	戸外し（バール，ドライバー）	31 秒	99
	錠上下		3 分 11 秒	96
面格子	縦格子	格子外し（バール）	9 秒	95
	ヒシクロス格子		57 秒	101
	井桁格子		10 分以上	95

注：100 db は鉄道ガード下やうるさい工事の騒音レベルに相当する．（都市防犯研究センター「JUSRI リポート」）

ずされないように上下とも施錠したほうがよいこと，面格子はストレートな縦格子よりも井桁型など部材をクロスした形態のものが丈夫なことなどが，このデータから読みとれる．また金属製のシャッターであっても，大きな音が出ることを意に介さない犯罪者なら，バールなど大型道具を用いて容易に打ち破られるので安心はできない．このためシャッターや格子で出入り口や開口部を強化していても，はじめに述べたように「接近の制御」や「自然監視性の確保」による不審者の早期発見と，事件発生後の迅速な対応が必要である．

2004 年 11 月からは錠，ドア，ガラス，シャッター，雨戸などの建物部品に対する防犯試験が実施されるようになった．試験に合格した防犯性能の高い建物部品を防犯建物部品と呼び，CP（Crime Prevention）マーク（図 10.4）が表示されている．建築にあたっては，施設で防犯に注意すべき箇所に CP マークの付いた建物部品を使用するようにしたい．

図 10.4 CP（防犯建物部品）マーク

10.3 防犯対策

　防犯対策は (1) 日常時の対策, (2) 発生時の対策, (3) 再発防止対策に分けることができる (表10.3). 日常時の対策は防犯環境設計で述べたように, 犯罪が発生しにくい環境を整えて犯罪を抑止することと対象物の強化であり, 発生時の対策は, 早期発見, 早期対抗措置, 即時報知, 犯行記録, 犯人識別である.

　犯罪抑止のためには, 敷地内や建物の内部で死角をなくすこと, 侵入の足がかりになるような足場をなくすことが重要である. 特に展示室内に柱や大きな展示ケースがあるとその陰が死角になって, 犯行のおそれが生まれる. また公園内にある施設は閉館後であっても建物のすぐそばまで一般の人が接近できる場合が多いので, 自然監視性の確保により不審者の建物への接近や侵入を常時監視できるようにしなければならない.

　次に日常時の対策として, 侵入経路となりやすい箇所の強化があげられるが, さきに述べた一般的な侵入の経路と方法を考慮すると, 出入り口の改善, 開口部特に窓ガラスの強化が重要である. 出入り口のドアには頑丈な材質を使用し, ドア枠もドアと一体となった頑丈なものにして, 建物にしっかりと固定する. ドアの錠には, 室内用の錠である円筒錠やインテグラルロックは使用せず, 面付箱錠や彫込箱錠を用いて, シリンダーに耐ピッキング性能の高いものを使用する. 窓ガラスには, 合わせガラス・防犯合わせガラスまたは複層ガラスを使用することが望ましい. フロートガラスを使用する場合は, フィルムを貼り補強する.

　犯罪発生時には, 防犯センサによってすみやかに犯行の発生と位置を明らかに

表 10.3　防犯対策

(1) 日常時		
警　備		人, 機械
施　設		出入り口 (ピッキング対策—鍵の強化, 補助錠), 窓 (ガラスの強化)
設　備		監視カメラ, 防犯センサ (予防), 入退室システム (マグネットカード, 指紋照合)
管　理		鍵 (特にマスターキーの管理), 入室資格
(2) 発生時		
設　備		防犯センサ (異常検知), 監視カメラ (ビデオ), 威嚇システム (ライト, フラッシュ, ブザー, 音声, 霧)
報　知		館内, 館外 (警察, 警備会社)

して，館員や警察，警備会社にただちに通報するとともに，光，音，煙などの威嚇システムを作動させて，犯行が完了する前に侵入者を撃退する．さらに監視カメラで犯行の詳細を記録し，後からの犯人の識別・検挙のための証拠とする．

犯罪発生後には再発防止のため，侵入された経路や犯行までの状況を監視カメラなどの記録でよく調べて，防犯環境設計上の弱点を改善するとともに，同じように防犯性の低い場所がないか検討して，もし改善すべき点があれば直していく．

10.3.1 錠と鍵

通常，錠といえば扉側に取り付け，鍵で本締めボルト（デッドボルト）を動かして施錠，開錠するものをさす．このタイプの錠で広く用いられているものは，棒状の鍵（棒鍵）を鍵穴に差し込んで回転させ，鍵の突起部で鍵内部のレバーを動かして開け閉めするレバータンブラー錠と，扉側についた外筒の内側の内筒を鍵で回転させて開け閉めするシリンダー錠がある．

ノブに鍵穴のある円筒状やシリンダー錠は，外側から鍵，内側からボタンまたはノブについているサムターンを回して施・解錠する．どちらもノブにシリンダーを内蔵しているため，ノブごともぎとられる可能性があり防犯性は低い．

そのほか錠の機構が入った箱型のケースをドア材の中に彫り込んで取り付けた彫込錠と，ドアの室内側の面に錠の機構が入った箱型のケースを取り付ける面付錠がある．彫込錠，面付錠のどちらも防犯性能は高い．特に面付錠は，施錠時にドアの隙間からかんぬきが見えなくなるのでこじ開けにも強い．

操作盤と制御盤が必要であるが，電気錠も最近では広く使用されるようになった．電気的遠隔操作により施・解錠ができ，さらに施・解錠や扉開閉の確認信号を得る機能を備えているので，身分証明カードと組み合わせて収蔵庫などセキュリティを重視する部屋や施設で用いられる．

このほか，半円形に曲がった棒を掛け金に通して施錠する南京錠もあるが，南京錠はピッキングに弱く防犯性は低い．

10.3.2 ガラス

窓ガラスには一般的なフロートガラスのほか，網入りガラスなどが用いられているが，これらのガラスはドライバー，バールなどの道具で簡単に破ることがで

きる．おもなガラスを防犯性能の面から分類すると，次のようになる[2]．

a. フロートガラス

最も一般的なガラスで，窓などの開口部に広く使用されているが，簡単に破ることができて防犯性能は低い．

b. 網入りガラス

火災時にガラスが割れても，封入した金網に支えられて落ちないので火炎や火の粉の侵入を遮断し，延焼，類焼を防ぐことができる．乙種防火戸として使用できるが，こじ破りや打ち破りには弱く，防犯性能は低い．

c. 強化ガラス

フロートガラスを軟化点（650〜700℃）近くまで加熱した後，急冷して表面に圧縮応力層を形成するなどの製法でつくったガラス．同じ厚さのフロートガラスに比べて3〜5倍の静的破壊強度と数倍の耐熱性をもっていて，破損しても破片が粒状になるので危険が少ない．しかし尖端のとがった道具によって簡単に破れるため，防犯性能は高くない．

d. 合わせガラス

2枚のガラスの間に，ポリビニルブチラールなどの樹脂でできた柔軟で強靭な中間膜を挟んで，加熱・圧着したガラス．ガラスが割れてもひび割れするだけで破片が脱落しないので，車のフロントガラスなどに使用されている．中間膜が厚ければ貫通を防ぐことができるので，こじ破りや打ち破りに強い．中間膜の厚さは，一般的に使われているもので 15 mil (0.38 mm)，30 mil (0.76 mm)，60 mil (1.52 mm)，90 mil (2.28 mm) があり，30 mil 以上のものは国内板ガラスメーカーから「防犯ガラス」として発売されている（表 10.4）．中間膜と一緒にポリ

表 10.4 米国の防犯基準分類表

分類	予想される手口	有効な合わせガラスの構成
低レベル防犯	手持ちの道具で短時間の攻撃を想定したもの	厚さ 30 mil の中間膜を 3 mm のフロートガラス 2 枚で挟んだ合わせガラス
侵入盗防犯	ガラスを打ち破り素早く金品を強奪する手口	中間膜 60 mil から 90 mil，もしくはそれ以上を使用した 2 層又は 3 層の合わせガラス
高度防犯	力ずくで侵入口を開ける	中間膜 60 mil から 120 mil，もしくはそれ以上を使用した多層合わせガラスで典型的には総厚が 1〜2 インチのもの．ガラスとポリカーボネートの多層合わせ．

(1 mil＝1/1000 インチ＝約 0.025 mm)

カーボネート板を挟み込んだものもあり，大型道具を用いた打ち破りに効果がある．

e. **プラスチックフィルム貼りガラス**

ガラスの片面にプラスチックフィルムを貼ったガラス．合わせガラスにくらべると防犯性能は十分ではないが，ガラスが割れにくく，また，割れたときの飛散防止効果はある．

10.3.3 防犯設備・機器

a. **監視カメラ**

監視カメラは屋内，屋外，出入り口に取り付けられるが，その役割として，犯行の記録だけでなく，設置してあることによる犯罪の抑止効果もあるので，秘匿型のカメラより，撮像部を露出させた露出型か（写真 10.1），レンズをカバーで覆い隠したドーム型のカメラが用いられることが多い．暗所でも見える赤外線カメラを利用することもあるが，解像度が低く人物の特定が難しいので，弱い光でも撮影可能な高感度のカメラが広く利用されている[5]．また最近では，画像を即時にインターネットで伝送したり，叫び声やガラスが割れる音など不審な音声に反応して自動的に通報したりするものも増えている．

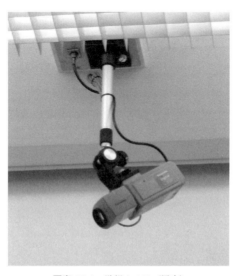

写真 10.1 監視カメラ（屋内）

多数箇所を監視しているときの映像の表示は，時間ごとに場面を切り替える方法と，画面を分割して表示する方法がある．場面を切り替える方式では，防犯センサと連動させて異常を検知したときに当該箇所のカメラに切り替えるセンサ連動式や，侵入者を自動認識し，カメラが自動追尾するシステムも開発されている．

映像の記録方式として以前は磁気テープを用いていたが，今ではハードディスクやフラッシュメモリに記録する方式が多い．コマ落としによって長時間の記録ができるようにしたものが多いが，記録時間が長いほど撮影間隔も長くなって記録もれを生ずるおそれがある．

b. 防犯センサ

防犯センサは敷地・建物の外周，出入り口，窓，展示ケース，展示台などに設置される．センサの機能としては，何を用いて感知するかで，赤外線センサ，超音波センサ，振動センサ，磁気センサなどに分けることができ，さらにそれらの信号を自ら発生するアクティブセンサ，発生しないパッシブセンサとに分けることができる[1]．また侵入者を感知すると同時に，照明やフラッシュを点灯させたり，威嚇音や煙を発生したりする威嚇装置と連動させたものもある．

i) 赤外線防犯センサ

投光部から出した近赤外線のビームを受光部で受けて，そのオン・オフを感知するアクティブセンサである（写真10.2）．投光部からの赤外線ビームを受けている状態を正常とし，ビームが遮断されて受光部に赤外線が当たっていない状態を異常と判定する．投光部と受光部が向かい合った対向型と，投光部からの赤外線を反射板で反射させ投光部と一体になった受光部で受ける反射型がある．赤外線のビームが届く範囲なら，長い距離をカバーすることができるが，侵入者でなくとも動物や作業道具などが光を遮っても異常とみなすので，屋内・屋外ともにその利用には注意が必要である．展示物の前に設置して人が近づいて光を遮ると警報が鳴るシステムが，展示室内ではよく用いられている．

ii) 熱感知防犯センサ

天井面に取り付けて床面を監視し，人間の体から放射している熱赤外線によって人の動きを感知するパッシブセンサである（写真10.3）．熱赤外線検出器として焦電素子，検知範囲の熱赤外線を集光するためにセンサ内部にミラーを内蔵している．ミラーの形状によって検知範囲の異なるさまざまなタイプのセンサがつ

写真 10.2 赤外線防犯センサ（屋外）

写真 10.3 熱感知防犯センサ

くられている．センサ直下，床面のごく一部を検知範囲とするスポット型，数 m 先の一定の範囲を検知範囲とし，最もよく使用される立体型，センサ直下の前後を扇形に感知する扇型，センサ直下を環状に検知する 360°型などがある．

iii) 超音波防犯センサ

超音波を発生する送波部と受ける受波部を一体にしたアクティブセンサである（写真 10.4）．送波部から送出した超音波は，検知範囲に動くものがなければ，

写真 10.4 超音波防犯センサ

壁・床その他の物体で反射して送波した周波数が変わらずに受波部にそのまま返ってくる．しかし，侵入者などが動くと，ドップラー効果により受波部に返ってくる反射周波数が変化する．この変化を異常と判定し警報を発する．気密性の高い部屋などではきわめて安定したセンサであるが，空調設備による気流・振動・温度変化による空気の乱れなどによって誤報を発することがあるので，設置環境には注意が必要である．

iv) 電磁波防犯センサ

マイクロ波を出力する送波部と受ける受波部が一体に構成されているアクティブセンサである．超音波センサ同様，マイクロ波のドップラー効果を利用している．電波法の規制を受けるので，法令上は陸上標定無線局として扱われる．安定したセンサであるが，金属面や壁面で反射し思わぬところが検知範囲になったり，ガラスなどを透過したりするなど，検知範囲の設計に注意が必要である．

v) ガラス破壊防犯センサ

はめ殺しの窓のガラス面に接着，設置する．ガラスを破壊する際に生じる高い振動数の弾性波を検知する．ガラス面に大きな振動を与えると，誤報を発する．センサ1個あたりの検知面積は限られているので，大きな展示ケースのガラスでは，複数個設置しなければならない．

vi) 振動スイッチ防犯センサ

ガラス面に接着した振動スイッチの内部におもりがあり，ガラス面が振動すると，そのおもりも振動し，検知回路を切断する．車道の近くなど，振動の多い場所では，車両の通行で誤報を発することがある．

写真 10.5 マグネットスイッチ防犯センサ

vii) マグネットスイッチ防犯センサ

　窓や扉などの可動式開口部に取り付け，その開閉を検知する（写真 10.5）．マグネット部とリードスイッチ部で構成されている．マグネット部を可動窓や扉に取り付け，リードスイッチ部を窓や扉の枠に取り付ける．窓あるいは扉を開閉させると，マグネット部が動くので，リードスイッチ部周辺の磁界が変化し，リードスイッチの回路が開閉する．また展示台・壁と展示物の間に取り付けて，展示物が壁から離れたり持ち上げられたりするとマグネットスイッチが切れて，警報が作動するようにして使用することもある．

10.3.4　地域の見回り

　監視カメラや防犯センサなどの防犯設備を備えても，それで防犯対策は十分ではない．なぜなら盗難が起きないようにすることが一番の防犯対策であるし，何かあってもすぐに人が駆けつけられる体制を準備しておかなければならないからである．しかし近年は地方の過疎化が進み，文化財のある社寺や民家の村落に人が少なくなり，無住の社寺も増えてきた．そのような地域で文化財の盗難が多発しているのが現状である．人の少ない地域では盗難があっても気づきにくく，警備会社や人が駆けつけるまでに時間がかかっては盗難を阻止することは難しい．このような状況に鑑みて，2015 年 4 月に文化庁は通知を各地の教育委員会宛に出し，次のように文化財所有者に防犯対策の強化を呼びかけた[6]．これからの文

化財防犯対策として重要なので次に引用する．

［文化財の防犯対策の強化のお願い[6]］
　最近，文化財の汚損被害が相次いでいますので，次の対策をとるなど，防犯対策の強化をお願いいたします．
　①　日頃から，文化財やその周辺の状況を確認するとともに，文化財の周辺の整理整頓に努めましょう．
　②　文化財とその周辺の見回りを定期的に行いましょう．当面は，夜間の見回りの実施や昼間の見回りの回数を増やすなどの対策を行うとともに，見回りの際に「特別巡回中」などと表示した腕章を着用するなど警戒していることを示すようにしましょう．
　③　鍵や防犯カメラなどの増強を検討するとともに，既存の防犯設備の点検を行いましょう．また，防犯設備を設置していることを明らかにしましょう．
　④　敷地や建造物の入口付近等に防犯に関する看板の設置をしたり，防犯訓練を行うなど更なる防犯対策を行いましょう．また，これらの防犯対策を行っていることを広報し，広く世間にアピールしましょう．
　⑤　犯人が犯行をためらうことがありますので，拝観者等に対して顔を見て挨拶しましょう．
　⑥　異常を発見した際は，110番通報を行いましょう．不審車両はナンバーを控えるようにしましょう．
　⑦　文化財の公開を行う際には，監視の死角や盲点となりやすい場所を確認し，必要に応じて管理体制を見直して，安全な公開ができるよう配慮しましょう．また，通常の人員で十分な監視体制が確保できない場合は，所轄の警察署や地元の教育委員会，近隣住民と相談の上，必要に応じて，巡回等の協力を依頼しましょう．
　⑧　被害にあった場合に備え，写真などの最新の記録をとっておくようにしましょう．このような備えは盗難被害に対しても役に立ちます．
　⑨　地元の教育委員会，所轄警察署等と日頃から連絡が取れるよう，連絡先を確認しておきましょう．

引　用　文　献

1) 竹内弓人：美術館のセキュリティ計画，建築設備士，**33**-9，51-57，2001.
2) 都市防犯研究センター：防犯環境設計ハンドブック［住宅編］，JUSRIリポート別冊，No.17，都市防犯研究センター，2003.
3) 都市防犯研究センター：防犯環境設計ハンドブック［事業所編］，JUSRIリポート別冊，No.18，都市防犯研究センター，2003.
4) 都市防犯研究センター：店舗の防犯点検・防犯改修，JUSRIリポート別冊 No.13，都市防犯研究センター，2000.
5) 波多江保彦：防犯用CCTVシステムについて，BE建築設備，**49**，1998.
6) 「文化財の防犯対策について」（文化庁通知）平成27年4月30日．
http://www.bunka.go.jp/seisaku/bunkazai/hogofukyu/tsuchi/h270430_boka_bohan.html
（参照 2016年8月18日）

11

文化財公開施設に関する法規

　博物館や美術館などの文化財公開施設に関係する法規には，大きく分けると文化財保護法と博物館法がある．前者は国が指定する文化財に関する法律であるが，公開に関する条文のなかに，公開にかかわる重要文化財（国宝を含む）の管理について，文化庁長官は必要な指示をすることができるとの定めがある．またこれに関する告示等には，重要文化財公開時の環境等に関する事柄が詳しく述べられている．これに対して博物館法関連法規には，博物館登録や学芸員など組織の枠組みについての定めはあるが，施設設備や収蔵展示については特に述べていない．そこでこの章では，博物館・美術館等で重要文化財を公開する際に留意しておきたいことを中心として述べ，博物館法については要点のみふれる．

11.1　文化財保護法と公開

　公開にかかわる法規としては，「文化財保護法」（昭和25年5月30日，法律214号）のほかに，「重要文化財の所有者及び管理団体以外の者による公開に係る博物館その他の施設の承認に関する規程」[1]（平成8年8月2日，文化庁告示第9号），「重要文化財の所有者及び管理団体以外の者による公開の許可に係る基準」[2]（平成8年7月12日，文化庁長官裁定），「国宝・重要文化財の公開に関する取扱要項」[3]（平成8年7月12日，文化庁長官裁定）がある．
　はじめに述べたように，文化財保護法（以下，この項目では「法」と呼ぶ）では文化財の定義，文化財の種類等について定めているほか，文化財の管理，保護，公開などについても定めている．「重要文化財の所有者及び管理団体以外の者による公開の許可に係る博物館その他の施設の承認に関する規程」（以下，この項目では「規程」と呼ぶ）と「重要文化財の所有者及び管理団体以外の者によ

る公開の許可に係る基準」（以下，この項目では「基準」と呼ぶ）は重要文化財の公開における，承認ないし許可の要件を示している．また「国宝・重要文化財の公開に関する取扱要項」（以下，この項目では「取扱要項」と呼ぶ）は，国宝・重要文化財の公開に際して遵守すべき事柄を述べている．なお，ここでとりあげる「基準」や「取扱要項」等については，文化庁が見直しを行うこともあるので，章末にあげたwebサイトを必要に応じて参照していただきたい．

11.1.1 文化財の種類

法第2条では文化財を，有形文化財，無形文化財，民俗文化財，記念物，文化的景観，伝統的建造物群の六つに分けて定義している．

有形文化財は「建造物，絵画，彫刻，工芸品，書跡，典籍，古文書その他の有形の文化的所産で我が国にとって歴史上又は芸術上価値の高いもの（これらのものと一体をなしてその価値を形成している土地その他の物件を含む．）並びに考古資料及びその他の学術上価値の高い歴史資料」のことを指し，このなかで重要とされるものが文部科学大臣によって「重要文化財」に指定される（2016年8月1日現在，1万3068件（国宝を含む）[4]．以下，件数の引用場所は同じ）．またさらに重要文化財のなかで世界的見地から価値が高いものが「国宝」に指定される（同，1097件）．

このほか，有形文化財のうち，重要文化財以外の建造物で文化財としての価値に鑑み，保存および活用のための措置が特に必要とされるものを，文部科学大臣は文化財登録原簿に登録して「登録有形文化財」とすることができる．歴史資料等を含む美術品も指定されているが（同，14件）近代の建造物がおもである（同，1万516件）．このほか，登録文化財には登録有形民俗文化財（同，42件）と登録記念物（同，98件）がある．

無形文化財は「演劇，音楽，工芸技術その他の無形の文化的所在で我が国にとって歴史上又は芸術上価値の高いもの」で，そのなかで重要なものを文部科学大臣が「重要無形文化財」に指定し，あわせてその保持者または保持団体を認定する（同，112人，27団体）．この保持者が通称「人間国宝」と呼ばれる．

民俗文化財は「衣食住，生業，信仰，年中行事等に関する風俗慣習，民俗芸能及びこれらに用いられる衣服，器具，家屋その他の物件で我が国民の生活の推移の理解のため欠くことのできないもの」で，文部科学大臣は有形の民俗文化財の

なかで特に重要なものを「重要有形民俗文化財」に（同，217件），無形の民俗文化財のなかで特に重要なものを「重要無形民俗文化財」に（同，296件）指定することができる．

　記念物は「貝づか，古墳，都城跡，城跡，旧宅その他の遺跡で我が国にとつて歴史上又は学術上価値の高いもの，庭園，橋梁，峡谷，海浜，山岳その他の名勝地で我が国にとつて芸術上又は観賞上価値の高いもの並びに動物（生息地，繁殖地及び渡来地を含む．），植物（自生地を含む．）及び地質鉱物（特異な自然の現象の生じている土地を含む．）で我が国にとつて学術上価値の高いもの」のことをさし，そのなかで重要なものを，文部科学大臣は「史跡」（同，1760件）「名勝」（同，398件）または「天然記念物」（同，1021件，以上件数はいずれも特別史跡，特別名勝，特別天然記念物を含む）として指定することができる．またさらにそれらのなかで特に重要なものを，「特別史跡」（同，61件）「特別名勝」（同，36件）または「特別天然記念物」（同，75件）として指定できる．

　文化的景観とは「地域における人々の生活又は生業及び当該地域の風土により形成された景観地で我が国民の生活又は生業の理解のため欠くことのできないもの」をさす．具体的には棚田や里山など，地域の人々の生活や風土に深く結びついた景観のことである．文化的景観のなかでも特に重要なものが，都道府県または市町村の申し出に基づき「重要文化的景観」として選定される．この制度は2004（平成16）年の文化財保護法の一部改正によって始められ，2006（平成18）年1月26日に，滋賀県近江八幡市の「近江八幡の水郷」が第1号として選定された．2016年8月1日現在，全国で50件の重要文化的景観が選定されている．

　伝統的建造物群は「周囲の環境と一体をなして歴史的風致を形成している伝統的な建造物群で価値の高いもの」のことをさす．市町村は伝統的建造物群およびこれと一体をなしてその価値を形成している環境を保存するために「伝統的建造物群保存地区」を定め，その保存のために必要な措置を定める．文部科学大臣は市町村の申し出に基づき，伝統的保存物群の全部または一部でわが国にとってその価値が特に高いものを「重要伝統的建造物群保存地区」（同，112地区）として選定することができる．

　このほか，文部科学大臣は，文化財の保存のために欠くことのできない伝統的な技術または技能で，保存の措置を講ずる必要があるものを「選定保存技術」として選定し，その保持者または保存団体を認定する（同，56人，33団体）．

なお，世界遺産条約の世界遺産リストには 2016 年 10 月現在で 20 件（文化遺産 16 件，自然遺産 4 件）が日本から登録され，暫定リストに 10 件があげられている[5]．これらの世界遺産は文化財保護法，自然環境保全法，自然公園法などの国内法で保護されている．

11.1.2　重要文化財の公開

公開時における重要文化財の取扱いは「取扱要項」の中で「我が国の文化財は材質がぜい弱なものが多いため，公開によって貴重な文化遺産が損なわれることがないよう保存について細心の注意を払わなければならない」として，次のように定められている[3]．

(1)　公開を避けなければならないもの

毀損の程度が激しく，応急措置を施しても公開のための移動または公開によってさらに毀損が進行するおそれのある重要文化財等は，抜本的な修理が行われるまで公開を行わないこと．

(2)　公開の回数および期間

イ　原則として公開回数は年間 2 回以内とし，公開日数は延べ 60 日以内とする．なお，重要文化財の材質上，長期間の公開によって退色や材質の劣化を生じるおそれの少ないものについてはこの限りでないこと．

ロ　退色や材質の劣化の危険性が高いものは，年間公開日数の限度を 30 日以内とし，他の期間は収蔵庫に保管して，温湿度に急激な変化を与えないようにする必要があること．

(3)　公開のための移動

イ　原則として年間 2 回以内とし，移動に伴う環境の変化に十分な対応を行うとともに，重要文化財の梱包または移動の際の取扱いは慎重に行うこと．

ロ　材料が脆弱であるものまたは法量（寸法）が大きいものもしくは形状が複雑であるものなど，毀損等の危険性がきわめて高い重要文化財等は移動を伴う公開を行わないこと．

(4)　陳列，撮影，点検，梱包および撤収時の取扱い

陳列，撮影，点検，梱包および撤収に伴う重要文化財等の取扱いは，十分な知識と経験を有する学芸員が行うこと．

(5) 公開の方法

イ　原則として，展示物の大きさや展示作業上の安全性，機能性および耐震性を考慮して設計された展示ケース内で展示する（法量（寸法）が特に巨大なものおよび材質が特に堅牢なものを除く）とともに，展示ケースには次の措置を講じること．

　・展示ケースのガラス等は，十分な強度を有するものを使用すること．

　・移動展示ケースは重心の位置を低くし，横滑りなどの防止措置を施すこと．

ロ　重要文化財等の材質，形状，保存の状態を考慮した適切な方法によるとともに，次の措置を講じること．

　・展示ケース内の温湿度調整方法は，展示室の環境や構造および管理方法を十分に考慮したうえ，適切な方法をとること．

　・巻子装（巻物）のものなどを鑑賞の便宜のために傾斜台上に置く必要がある場合には，原則として傾斜角度を水平角 30°以下にすること．

(6) 公開の環境

　重要文化財の公開は，塵埃，有毒ガス，カビ等の発生や影響を受けない清浄な環境のもとで行うとともに，温度および湿度の急激な変化は極力避けるとともに，次に掲げる保存に必要な措置および環境を維持すること．

・慣らし

　多湿な環境に常時置かれてきたものおよび寒冷期に長距離を輸送されてきたものの梱包を解くときは，十分な慣らしの期間を確保すること．

・温湿度の調整

　温度は 22°C（公開を行う博物館その他の施設が所在する地域の夏期および冬季の平均外気温の変化に応じ，季節によって緩やかな温度の変動はあってもよい），相対湿度は 60±5%（年間を通じて一定に維持すること）を標準値とする．ただし，金工品の相対湿度については，55% 以下を目安とすること．

　なお，温湿度の設定に際しては，同一ケース内に材質の異なる文化財を展示したり，展示する作品が展示の前に長期間置かれていた保存環境と大きく異なる場合などには，重要文化財等の種類および保存状態に応じて適切に判断すること．

・照　度

原則として，照度は 150 lx 以下に保ち，直射日光が入る場所など明るすぎる場所での公開を避けること．また，特に退色や材質の劣化の危険性が高い重要文化財等については，公開期間（露光時間）を勘案して照度をさらに低く保つこと．

蛍光灯を使用する場合には，紫外線の防止のため退色防止処理を施したものを用い，白熱灯を使用する場合には，熱線（発熱）の影響を避けるよう配慮する必要があること．

(7)　公開の協議

重要文化財等の公開がこの要項によりがたい場合には，事前に文化庁文化財保護部美術工芸課と協議すること．

11.1.3　公開施設

文化財保護法によると重要文化財の公開には，文化庁長官による公開（法第 48 条），所有者等による公開（法第 51 条）および所有者等以外のものによる公開（法第 53 条）の 3 種類がある．

文化庁長官による公開は，国立博物館その他の施設において行われ，重要文化財の所有者に対する公開勧告（1 年以内），管理・修理に際して国が費用を負担または補助金を交付した場合の公開命令（1 年以内の期間で更新し，連続して 5 年以内）がある．また文化庁長官は重要文化財の所有者から国立博物館その他の施設において，文化庁長官の行う公開の用に供するため出品したいむねの申し出があった際には承認することができるとされている．

所有者等による公開については，重要文化財の所有者に対して文化庁長官は 3 ヶ月以内の期間を限って公開を勧告できる．管理・修理・買取りに際して国が費用を負担または補助金を交付した場合は 3 ヶ月以内の期間を限って公開を命じ，管理について必要な指示をすることができる．もし指示に従わない場合は公開の停止または中止を命ずることができる．

所有者等以外のものによる公開については，文化庁長官の許可が必要となり，文化庁長官は管理について必要な指示をすることができ，もし従わない場合には公開の停止を命じまたは許可を取り消すことができる．あらかじめ文化庁長官の承認を受けた博物館その他の施設（「公開承認施設」）で主催する場合は事後の届

け出でよいとされる．現在，ほとんどの展覧会はこの所有者以外のものによる公開にあたり，公開承認施設以外では文化庁長官による公開許可が展覧会ごとに必要である．許可の要件は「基準」[2]に示されていて，内容はこの後に述べる公開承認施設におおむね類似している．

11.1.4 公開承認施設

公開承認施設における重要文化財の公開は，公開の最終日の翌日から起算して20日以内に届け出ればよいとされている．公開施設として承認される基準は以下のように「規程」に示されている[1]．

(1) 博物館等の施設の設置者が，重要文化財の公開を円滑に行うのに必要とされる経理的基礎および事務的能力を有しており，かつ，重要文化財の公開にかかわる事業を実施するのにふさわしい者であること．

(2) 博物館等の施設の組織等が，次に掲げる要件を満たすものであること．

イ 重要文化財の保存および活用について専門的知識または識見を有する施設の長が置かれていること．

ロ 博物館法（昭和26年法律第285号）第5条第1項に規定する学芸員の資格を有する者であり，文化財の取扱いに習熟している専任の者が2名以上置かれていること．

ハ 博物館等の施設全体の防火および防犯の体制が確立していること．

(3) 博物館等の施設の建物および設備が，次に掲げる要件を満たし，文化財の保存または公開のために必要な措置が講じられていること．

イ 建物が耐火耐震構造であること．

ロ 建物の内部構造が，展示，保存および管理の用途に応じて区分され，防火のための措置が講じられていること．

ハ 温度，相対湿度および照度について文化財の適切な保存環境を維持することができる設備を有していること．

ニ 防火および防犯のための設備が適切に配置されていること．

ホ 観覧者等の安全を確保するための十分な措置が講じられていること．

ヘ 博物館等の施設が同一の建物内で他の施設（商業施設を除く）と併設して設置されているときは，文化財の保存または公開に係る設備が，当該博物館等の施設の専用のものであること．

ト　博物館等の施設が同一の建物内で商業施設と併設して設置されているときは，当該博物館等の施設が，文化財の公開を行う専用の施設として商業施設から隔絶（非常口を除く）していること．

(4)　博物館等の施設において，承認の申請前5年間に，法第53条第1項に基づく重要文化財の公開（所有者等以外の者による公開）を適切に3回以上行った実績があること．

4番目の条件により，新設の施設はすぐには承認施設にはなれない．規程第2条により，承認の有効期間は5年間で，平成27年10月現在，公開承認施設数は114館である．

なお「基準」や「規程」に示された要件は，専用の出入り口の設置や防火区画など，施設の設計段階から考慮しておかなければならない点も多いので，文化庁では「文化財公開施設の計画に関する指針」[6]（平成7年8月，文化庁文化財保護部）を出して，立地環境，設計・施工，収蔵庫，展示室などについてのガイドラインを示している．また実際の建築にあたっては文化庁文化財部美術学芸課との連絡のもとに，東京文化財研究所による指導および，温湿度，照明，空気環境など保存環境に関して科学的な調査を行い，その結果を参考として公開許可が行われている．

11.2　博物館施設

関係法規として，「博物館法」（昭和26年12月1日，法律第285号），「博物館法施行令」（昭和27年3月20日，政令47号），「博物館法施行規則」（昭和30年10月4日，文部省令第24号）がある．2011年には「博物館の設置及び運営上の望ましい基準」（平成23年12月20日，文部科学省告示第165号）が出された．

学芸員課程では博物館法について他の科目で詳しく解説されるので，ここでは要点を述べるにとどめる．博物館法には博物館の定義・事業と学芸員資格，博物館登録などについての定めがあり，「博物館法施行令」では博物館法のなかの「政令で定める法人」や「国が補助する経費」について定めている．また「博物館法施行規則」（以下，この項目では「規則」と呼ぶ）では学芸員資格，博物館相当施設の認定などについて細かく定めている．2009（平成21）年4月30日に

この規則が一部改正され，2012（平成24）年4月1日から学芸員として取得すべき科目と単位に，新たに「博物館資料保存論」等を含めることとなった．「博物館の設置及び運営上の望ましい基準」では，設置者が指定管理者等他の者に管理を行わせる場合には，事業が継続的かつ安定的に行われるようにしなければならないこと，基本的運営方針を立て運営状況について年度ごとに点検・評価をしなければならないことなどが述べられている．

11.2.1 博物館の種類

博物館法第2条では博物館を，「歴史，芸術，民俗，産業，自然科学等に関する資料を収集，保管，展示して教育的配慮の下に一般公衆の利用に供し，その教養，調査研究，レクリエーション等に資するために必要な事業を行い，あわせてこれらの資料に関する調査研究をすることを目的とする機関（社会教育法による公民館及び図書館法による図書館を除く）のうち，地方公共団体，一般社団法人若しくは一般財団法人，宗教法人又は政令で定めるその他の法人が設置するもので登録を受けたものをいう．」としている．地方公共団体が設置したものが「公立博物館」であり，一般社団法人若しくは一般財団法人，宗教法人または政令で定めるその他の法人（日本赤十字社と日本放送協会）が設置したものが「私立博物館」である．公民館，図書館以外の資料公開施設はすべて博物館になるので，動物園，水族館，植物園なども博物館法上の博物館に含まれることになる．

博物館法第10条では登録について定め，「博物館を設置しようとする者は，当該博物館について，当該博物館の所在する都道府県の教育委員会に備える博物館登録原簿に登録を受けるものとする．」となっている．そのため地方公共団体ごとに博物館登録のための手続きに関する規則を定めている．これが登録博物館と呼ばれるもので，その館数は924館，そのうち，総合，郷土，美術，歴史系が848館である．

博物館法第29条に博物館の事業に類する事業を行う施設として，文部科学大臣または都道府県教育委員会が指定する博物館相当施設の定めがあり，詳しいことは規則第19条，20条に定めてある．博物館相当施設の数は396館，そのうち，総合，郷土，美術，歴史系が266館である．このなかには国立10館と大学所属の73館が含まれている．（以上，館数は2015年3月31日現在[7]．）

11.2.2 博物館としての要件

博物館法第 12 条によれば，登録博物館となるためには次の四つの条件を備えていなければならない．
① 博物館としての目的を達成するために必要な博物館資料があること．
② 博物館としての目的を達成するために学芸員その他の職員を有すること．
③ 博物館としての目的を達成するために建物および土地があること．
④ 一年を通じて 150 日以上開館すること．

2 番目の条件に関しては，法第 4 条に博物館には館長を置くと定められているので，登録博物館になるためには館長と専門的職員としての学芸員の 2 名が最低必要となる．

博物館相当施設としての要件は，規則第 20 条に次のように定められている．
① 博物館の事業に類する事業を達成するために必要な資料を整備していること．
② 博物館の事業に類する事業を達成するために必要な専用の施設および設備を有すること．
③ 学芸員に相当する職員がいること．
④ 一般公衆の利用のために当該施設及び設備を公開すること．
⑤ 1 年を通じて 100 日以上開館すること．

さきに述べたように，法第 10 条で博物館の登録は，当該博物館の所在する都道府県教育委員会の博物館登録原簿に行うことになっている．そのため都道府県の管轄下にない国の施設（独立行政法人を含む）は登録博物館としての要件を備えていても，博物館法第 29 条によりすべて博物館相当施設となる．

引 用 文 献

1) 「重要文化財の所有者及び管理団体以外の者による公開に係る博物館その他の施設の承認に関する規程」（文化庁告示第 9 号）
   http://www.mext.go.jp/b_menu/hakusho/nc/k19960802001/k19960802001.html （参照 2016 年 8 月 22 日）
2) 重要文化財の所有者及び管理団体以外の者による公開の許可に係る基準
   http://www.bunka.go.jp/seisaku/bunkazai/hokoku/pdf/27_kokai_kijun.pdf （参照 2016 年 8 月 22 日）
3) 国宝・重要文化財の公開に関する取扱要項の制定について（庁保美第 76 号）
   http://www.mext.go.jp/b_menu/hakusho/nc/t19960712001/t19960712001.html （参照 2016

年8月22日)
4) 文化庁Webサイト　http://www.bunka.go.jp（参照2016年8月22日）
5) ユネスコ世界遺産センターWebサイト　http://whc.unesco.org（参照2016年10月6日）
6) 文化財公開施設の計画に関する指針
http://www.bunka.go.jp/seisaku/bunkazai/hokoku/shisetsu_shishin.html（参照2016年8月22日）
7) 日本博物館協会：平成26年度　博物館園数，博物館研究，**574**，13-16，2016．

12

博物館資料保存に関する倫理

12.1 博物館資料をめぐる倫理

博物館の倫理（ethics）を資料の面から考えると，博物館がどんな資料を収集または借用し，どんな状態・環境で展示・保管するべきであるかということである．ここまで述べてきたように，博物館として保存環境を整えることは重要であることはいうまでもないが，この最後の章では，保存環境が博物館の倫理としてどのように位置付けられているか述べる．

博物館に関係する倫理には，大きく分けると①博物館組織に関する倫理，②博物館資料（文化財）の価値を証明する本体のあり方，③博物館資料の保存修復に関する職業倫理の三つが関係する．具体的には，最初の組織に関する倫理は資料の収集・保管・公開を行う博物館組織の義務，2番目は文化財の価値を守るには本体の何を維持しなければならないか，3番目は文化財の保存修復を職業とする者の倫理である．それぞれ代表的なものとしては，国際博物館会議（ICOM）の職業倫理規定[1]，国際歴史記念物会議（ICOMOS）の「記念建造物および遺跡の保全と修復のための国際憲章（ベニス憲章）」[2]，アメリカ文化財保存学会（AIC）の「美術修復家のための倫理規程」をあげることができる．

12.2 博物館組織に関する倫理

代表的なものはさきにあげた，国際博物館会議（ICOM）が1986年に制定し2004年10月に改訂したICOM職業倫理規程で，ICOM日本委員会による日本語訳がある[1]．この規程には博物館の組織および専門職員（学芸員）の倫理が述べ

られている．日本博物館協会は，この倫理規定などを参考にして2012年7月1日に倫理規程を制定した[3]．そこには「博物館の原則」と「博物館関係者の行動規範」が含まれている．

「博物館の原則」は博物館が果たすべき役割として次のことを述べている．
①学術と文化の継承・発展・創造と教育普及を通じ，人類と社会に貢献する．
②人類共通の財産である資料および資料にかかわる環境の多面的価値を尊重する．
③設置目的や使命を達成するため，人的，物的，財源的な基盤を確保する．
④使命に基づく方針と目標を定めて活動し，成果を評価し，改善を図る．
⑤体系的にコレクションを形成し，良好な状態で次世代に引き継ぐ．
⑥調査研究に裏付けられた活動によって，社会から信頼を得る．
⑦展示や教育普及を通じ，新たな価値を創造する．
⑧活動の充実・発展のため，専門的力量の向上に努める．
⑨関連機関は地域と連携・協力して，総合的な力を高める．
⑩関連する法規や規範，倫理を理解し，遵守する．

ICOM職業倫理規程も類似の内容になっているが，より細かい説明がついている．例えば，保存環境の整備は博物館の方針および資料取扱いの重要な要素であること，資料の処分・除去や放出を勝手に行ってはいけないこと，資料の展示にあたっては正確な根拠に基づき，資料が象徴する地域社会，民族等の利益と信仰

表 12.1 ICOM倫理規程において博物館が認めるべきとしている国際法

条約名	採択年
武力紛争の際の文化財の保護に関する条約（ハーグ条約）	1954年（第一議定書） 1999年（第二議定書）
文化財の不法な輸入，輸出及び所有権移転を禁止し及び防止する手段に関する条約	1970年
絶滅のおそれのある野生動植物の種の国際取引に関する条約（ワシントン条約）	1973年
生物の多様性に関する条約	1992年
盗取された又は不法に輸出された文化財に関する条約（ユニドロワ条約）	1995年
水中文化遺産の保護に関するユネスコ条約	2001年
無形文化遺産の保護に関するユネスコ条約	2003年

を考慮に入れた陳列をすること，複製を展示する際にはそのむねを明示することなどである．また「博物館の原則」と同様に，博物館は国内・国際法に従わなければならないとしていて，表12.1にあげる条約を関係する国際法規としている．また博物館だけでなく，博物館職員の専門性についても，勤務中に入手した秘密情報は保護しなければならないことや，個人と博物館の間に利害の衝突が生じた場合には，博物館の利益が優先することなどを細かく述べている．

12.3　文化財の価値と本体との関係

　文化財保護法の第2条では，文化財について「我が国にとつて歴史上，芸術上または学術上価値の高いもの，あるいは我が国民の生活の推移の理解のため欠くことのできないもの」と価値を定義しているが，その価値と資料本体のあり方との関係については特にふれていない．はじめにあげた「記念建造物および遺跡の保全と修復のための国際憲章（ベニス憲章）」[2]は名称の通り，建造物や遺跡の保存と修復の倫理を述べているが，その中で文化財の価値はオリジナルであること，保存と修復にあたってはオリジナルである根拠を守らなければならないことと述べている．

　ベニス憲章がオリジナルでなければならないとする文化財の要素（真正性，authenticity）は，その姿・形状だけでなく材料，機能なども含めたもので，修復等で資料のオリジナルな部分を変更することを禁じ，遺跡・建造物では周囲の環境も守ることを求めている．この精神はその後，変更を受けながらも引き継がれ，世界遺産の必要条件「顕著な普遍的価値」（outstanding universal value）を有しているか検討する際には，この真正性とそれを証明する要素がすべてそろっているかという点（完全性，integrity）が評価の要点とされている．

12.4　保存修復の職業倫理

12.4.1　歴　　　史
　文化財の保存修復で最も大切なことは，文化財の価値を損なわないようにする

ことである．そのためにベニス憲章は修復では科学的厳密さが重要であるとし，オリジナルな材料の尊重，補修部の区別，付加物の制限，推測による修復の禁止など，現在でも保存修復者が守るべき重要な考え方が述べられている．しかしこの憲章は建造物や遺跡など不動産文化財の保護を念頭に置いて制定されたものであり，美術工芸品や考古資料などの博物館資料に関係する者の職業倫理としては，1967 年に国際文化財保存学会アメリカ支部（IIC American Group, 現 AIC）が制定した「美術修復家のための倫理規程」が最初である．AIC はこれより前の 1963 年に実務基準「修復家のための実務と専門性の基準」も制定している．その後，AIC にならって，国際文化財保存学会カナダ支部（IIC Canadian Group, 現 CAC）が倫理規程と実務指針を 1985 年に制定し，その頃からいろいろな国や団体で倫理規程が制定されるようになった．また前年の 1984 年には国際博物館会議の保存委員会（ICOM-CC）が「保存修復者：職業の定義」を定めている[4]．

AIC の「倫理規程と実務指針」の初めに「歴史」として掲げられている前文によると，1963 年に実務基準が定められたのは「(修復の) 適切性について問題が提起されたときに，個々の手順または作業を判断する公認された基準を提供する」ためであったという．また 1967 年に定められた倫理規程は「保存修復者を職業倫理に基づいた行動へと導く原則と実践方法を示すこと」が目的であったとしている．これからわかるように「実務指針」には会員が適正に行った修復の正当性を学会として保証しようという意図があり，「倫理規程」はその基本となる保存修復の理念を述べている．

わが国では文化財保存修復学会が，国際的な倫理規程や日本学術会議が 2006 年に出した「科学者の行動規範」を参考にして「文化財の保存にたずさわる人のための行動規範」を 2008（平成 20）年 7 月 8 日に制定した[5,6]．またさきに述べたが，日本博物館協会は博物館にかかわる者が尊重すべき規範として「博物館関係者の行動規範」を 2012（平成 24）年 7 月 1 日に制定した．

12.4.2　内　　容

これらの倫理規程でどのようなことが述べられているかみると，①保存修復の成果の社会への公開と普及などの社会的項目，②法令の遵守などの法的項目，③職業人の専門性にかかわる項目，④保存修復に関する項目が述べられている．保

存環境についてはおもに保存修復の項目でふれられている．

①の社会的項目に関しては，多くの倫理規程は社会的責任の自覚と，職業を通して得られた成果の社会公開と普及が重要としている．また②の法的項目については，どの規程も法令の遵守についてふれているが，日本の倫理規程では制定された当時の社会情勢を反映して，論文の捏造や盗用などの不正行為の禁止をあげている．しかし国際的にみると盗品など不正取引への関与の禁止が重要視されていて，ECCO（欧州保存修復団体連盟）の倫理規程では職業上の秘密保持義務についてもふれている[4]．③の専門性の項目では職業人として自己の研鑽を積むことなどが述べられている．

次に②の保存修復に関する項目ではどの規程も，文化財の保存修復に関して，処置対象とする文化財への理解や配慮を欠かしてはいけないことをあげている．そして欧米の倫理規程は，修復の際には真正性（authenticity）や完全性（integrity）を守るべきであるとしている．

保存修復処置においては，直接の修復処置だけでなく保存環境づくり（preventive conservation）も重視すべきことを，多くの倫理規程が述べている．例えばAICの「実務指針」では「文化財を長期にわたって保存するには保存環境の整備が最も重要である」と述べている．言い換えれば「文化財は環境で守る」ことが基本で，保存環境をきちんと整えることが，保存修復にあたる者の当然の責務であるとほとんどの規程に記されている．

また，修復処置にとりかかる前には必ず科学的調査を行うこと，さらにECCOやAICの倫理規程では，修復に用いる材料は次回修理の際に除去できるよう，溶剤に溶ける可逆的（reversible）なものを用いるべきとしている．日本では漆工品の修理に溶剤に溶けない漆を用いるなど，欧米の修復手法との伝統的な違いもあるので，保存修復学会の倫理規程では「適正な方法や材料を検討して選択する」としている．このほか保存修復においては必ず調査記録を作成し，保存し，公開すること，常に質の高い仕事を実施すべきことなどが記されている．

12.5　保存修復倫理の意義

保存修復の職業倫理に述べられていることの多くは，東西を問わず昔から常識

とされてきたことである．しかし経費縮小や効率を第一とする観点から考えると，必ずしも当然のことではないので，倫理として明文化することは大切である．

　保存環境を整備することも，資料の修復とは直接関係なさそうにみえるが，修復を頻繁に行えばその間に資料は傷み，オリジナルの部分は少しずつ失われてしまう．修復と修復の間の期間を長くすることができれば，オリジナルの資料の寿命を延ばすことができ，資料の価値を守りながら結果的に維持管理経費を少なくすることができる．資料のためには保存環境を整備することが欠かせないことを，博物館にたずさわる者はみな自覚し，ここにあげた倫理を尊重することが望まれている．

引用文献

1) ICOM 日本委員会：ICOM 職業倫理規程（日本語訳）
   https://www.j-muse.or.jp/icom/ja/pdf/ICOM_rinri.pdf（参照 2016 年 08 月 22 日）
2) ICOMOS 日本委員会：記念建造物および遺跡の保全と修復のための国際憲章（ヴェニス憲章）
   http://www.japan-icomos.org/charters/venice.pdf（参照 2016 年 08 月 22 日）
3) 日本博物館協会：「博物館の原則」「博物館関係者の行動規範」，http://www.j-muse.or.jp/02program/pdf/2012.7koudoukihan.pdf（参照 2016 年 08 月 22 日）
4) 倫理綱領検討委員会：世界の主な倫理規定，文化財保存修復学会誌，**55**，76-88，2010．
5) 文化財保存修復学会：文化財の保存にたずさわる人のための行動規範
   http://jsccp.or.jp/abstract/regulate_08.html（参照 2016 年 08 月 22 日）
6) 三浦定俊：文化財保存修復学会の行動規範ができるきっかけとその後の活用，博物館研究，**45**(7)，11-13，2010．

参 考 文 献

全般的なもの

江本義理：文化財を守る，アグネ技術センター，1993.
「記録資料の保存・修復に関する研究集会」実行委員会編：記録資料の保存と修復—文書・書籍を未来に遺す—，アグネ技術センター，1995.
M. Cassar：*Environmental Management-Guidelines for Museums and Galleries*, Routledge, 1995.
沢田正昭：文化財保存科学ノート，近未来社，1997.
文化財保存修復学会編：文化財の保存と修復2　博物館・美術館の果たす役割，クバプロ，2000.
京都造形芸術大学編：文化財のための保存科学入門，角川書店，2002.
馬淵久夫，杉下龍一郎，三輪嘉六，沢田正昭，三浦定俊編：文化財科学の事典，朝倉書店，2003.
東京文化財研究所編：文化財の保存環境，中央公論美術出版社，2011.
本田光子，森田稔編著：博物館資料保存論，財団法人放送大学教育振興会，2012.

序

江本義理，門倉武夫：文化財保存環境としての各地の大気汚染度の測定結果—大気汚染の文化財に及ぼす影響（第5報），保存科学，**3**, 1-22, 1967.
K. Toishi and T. Kenjo：Alkaline material liberated into atmosphere from new concrete, *Journal of Paint Technology*, **39**, 152-155, 1967.
ICCROM Newsletter, No.5, 10-11, 1979.
ICCROM Newsletter, No.6, 12-13, 1980.
"Preventive Conservation—Practice, Theory and Research", Preprints of IIC Congress (Ottawa), 1994.

第1章　温度

温度計測部会編：新編温度計測，計測自動制御学会（コロナ社販売），1992.
S. Michalski：Guidelines for Humidity and Temperatures in Canadian Archives, Canadian Conservation Institute (CCI), 2000.

参 考 文 献

第 2 章　湿度

工業技術体系編集委員会編：湿度水分測定，日刊工業新聞社，1965.

Moisture—Proceedings of "Conference on the problems of moisture in historic monuments" in Rome (1967), ICOMOS, 1969.

G. de Guichen：Climate in Museums, ICCROM, 1980.

第 3 章　光

特集「美術館・博物館の照明」，照明学会誌，**74** (4)，1990.

日本色彩科学会編：新編色彩科学ハンドブック（第 3 版），東京大学出版会，2011.

特集「LED が変える美術館・博物館照明」，照明学会誌，**97** (6)，2013.

第 4 章　空気汚染

＊インターネットでの海外情報入手先としては，http://iaq.dk を推奨する．

J. Tetreault：Airborne Pollutants in Museums, Galleries, and Archives: Risk Assessment, Control Strategies, and Preservation Management, Canadian Conservation Institute, 2003.

佐野千絵，呂　俊民，吉田直人，三浦定俊：博物館資料保存論―文化財と空気汚染―，みみずく舎，2010.

第 5 章　生物

東京文化財研究所編，文化財害虫事典 2004 年改訂版，クバプロ，2004.

G. Caneva, M. P. Nugari, and O. Salvadori, eds.：Plant Biology for Cultural Heritage, Getty Conservation Institute, English translation, 2008.

T. J. Strang and R. Kigawa：Combatting Pests of Cultural Property, Technical Bulletin, No. 29, Canadian Conservation Institute, 2009.

文化財 IPM の手引き，文化財虫菌害研究所，2014.

第 6 章　衝撃と振動

M. F. Mecklenburg ed.: Art in Transit Studies in the Transport of Paintings, National Gallery of Art, Washington, 1991.

財団法人日本博物館協会編：博物館資料取り扱いガイドブック―文化財，美術品等梱包・輸送の手引き，ぎょうせい，2012.

第 7 章　火災

鈴木弘昭ほか：講座　新しい消火設備，空気調和・衛生工学，**75**，2001.

第 8 章　地震

文化財保存修復学会編：文化財は守れるのか？「阪神・淡路大震災の検証」，クバプロ，1999.

日高真吾：災害と文化財―ある文化財科学者の視点から，一般財団法人千里文化財団，2015.

第 9 章　気象災害

気象庁「異常気象レポート 2014」，2015 年 3 月.

http://www.data.jma.go.jp/cpdinfo/climate_change/2014/pdf/2014_full.pdf（参照 2016 年 8 月 16 日）

第10章　盗難・人的破壊

ICOM and the International Committee on Museum Security：Museum Security and Protection—A Handbook for Cultural Heritage Institutions, ICOM, 1993.
防犯環境設計ハンドブック［住宅編］，JUSRIリポート別冊 No.17，都市防犯研究センター，2003.

第11章　文化財公開施設に関する法規

文化庁文化財保護部美術工芸課監修：文化財保護行政ハンドブック　美術工芸編，ぎょうせい，1998.

第12章　倫理

三浦定俊：文化財保存に関する倫理規程，文化財保存修復学会誌，**55**，1-6, 2010.
倫理綱領検討委員会：世界の主な倫理規定，文化財保存修復学会誌，**55**, 76-88，2010.
特集「博物館職員のための行動規範」，博物館研究，**45**（7），2010.

索　　引

欧　文

AIC　199
A 火災　140
B 火災　140
CAC　199
CPTED　171
CP マーク　174
C 火災　140
ECCO　200
HEPA フィルター　85
ICCROM　24
ICOM　24
ICOM-CC　199
ICOM 職業倫理規程　196
IIC　24
IPM　102, 103
LC$_{50}$　134
LED　68
NOAEL　135
NPO 消防環境ネットワーク　137
Oddy テスト　78
S 環　158
VOCs　83
xy 色度図　49
XYZ 表色系　48

ア　行

赤﨑勇　68
アクティブサンプリング　78
アクティブセンサ　179
アスマン，R.　39
アスマン式通風乾湿球湿度計　11, 37, 39
校倉　26

アセトアルデヒド　78
アマニ油試験紙法　78
天野浩　68
網入りガラス　177
アミン類　73
アラスカ地震　146
アルカリ因子　72
アルコール温度計　2, 11
アルデヒド　75
アレニウス，S. A.　6
泡消火設備　134
合わせガラス　177
暗順応　64
安政東海地震　147
安政南海地震　147
アンモニア　73

硫黄酸化物　75
閾値　89
異常気象　163
イナートガス　138
色温度　50
インマン，G. E.　67

ウィーン条約　136

エアカーテン　85
液晶温度計　10, 15
液体温度計　9
エッセンシャルユース　137
エルグ　4
エレクトロルミネセンス効果　66
塩化コバルト　42
塩化物　76
塩化リチウム露点計　41

延喜式　26
演色性　51
演色評価数　51
塩類の飽和水溶液　38
大雨の出現頻度　166
オゾン　75
オゾン層破壊係数　136
オゾン層保護法　137
温度定点　2

カ　行

外気処理　85
化学泡消火器　140
化学反応性付加　87
鍵　176
可逆的　200
火災検知設備　144
華氏温度　1
加湿器　27
ガス系消火設備　134
ガス検知管法　78
ガス放散速度　73
過疎化　182
活性化エネルギー　6
活性炭フィルター　85
加熱器　27
鎌倉大仏　154
ガラス破壊防犯センサ　181
ガラス破り　173
ガリレイ，G.　1
カロリー　3
河角広　154
簡易式温湿度計　37
簡易消火器　140
簡易消火用具　142

索　引

換気　85
乾球　39
環境基本法　72
環境モニター　80
監視カメラ　178
乾湿球温度計　39
含水率　35
完全性　198
桿体　47
カンデラ　52
関東地震　147
関東・東北豪雨　166

機械泡消火器　140
気化熱　5
ギ酸　73
疑似白色　69
気体定数　6, 17
輝度計　54
輝度分布　64
記念物　186
強化液消火器　140
強化ガラス　177
極端現象　163
許容衝撃値　123
均斉度　64
金属板試験　78

空気環境モニタリング　78
空気交換率　31
空気清浄化　85
空気調和　26
空気の停留　28
空調機　26
熊本地震　146
クライモグラフ　22
クーリッジ, W.　66
グリネル, F.　133
グリーン, T.　127
グレア　64
クレート　128
燻蒸剤　113

蛍光灯　67
結露　28
ケミカルフィルター　85
煙感知器　144
建築物における衛生的環境の確
　保に関する法律　72

顕著な普遍的価値　198
元禄地震　147

高温処理　112
公開施設　190
公開承認施設　190, 191
公害対策基本法　71
公開の環境　189
光源色　46
剛構造　151
光色　50
高知豪雨　166
光度計　54
衝撃　120
合板　77
国際実用温度目盛　2
国際照明委員会　48
国際単位系　3
固着剤　160
固有周期　127, 150, 151
固有振動数　127
梱包容器　33

サ　行

彩度　48
材料選定　85
酢酸　73
殺菌燻蒸剤　108
サーミスタ温度計　12
酸アルカリ消火器　140
三原色　48
酸素濃度　135

紫外線強度計　54
色相　48
識別能力　62
視細胞　47
示湿紙　37, 42
地震対策　155
地震動　146
湿球　39
シックハウス　72
実効湿度　20
湿度計の較正　38
湿度測定　36
湿度定点　38
湿度変化緩和作用　31
室内汚染物質　71
自動消火設備　132
湿り空気線図　20

柔構造　151
従属栄養生物　94
重要文化財の公開　188
手動消火設備　131
ジュール　4
錠　176
消炎濃度　134
消火　130
消火器　139
昇華性薬剤　115
消火設備　131
消火栓　132
衝撃　120
衝撃緩衝材　124
蒸散性薬剤　115
照度　61
照度計　54
蒸発式加湿器　28
職業倫理　196
除湿器　27
シリカゲル　30
真正性　198
新鮮外気の取入れ　86
振動　126
振動スイッチ防犯センサ　181
震度階級　146
心理物理量　52

水害対策　167
水銀温度計　2, 11
水蒸気圧　18
水性ペイント　77
錐体　47
スクウェルチ法　168
スズペスト　7
スチールワイヤー　160
スプリンクラー　133
スマトラ島沖地震　146

制限要因　94
脆性破壊　7
静的負荷　125
ゼオライト　30
世界遺産　188, 198
赤外線防犯センサ　179
積算照度　57, 58
摂氏温度　1
絶対温度　2
絶対湿度　17, 18

索引

ゼーベック効果　13
セルシウス，A.　1
選定保存技術　187
潜熱　5
総合的有害生物管理　102, 103
相対湿度　17, 18
霜点　18
相転移　5
測光器　54
ソシュール，H. B.　40

タ行

大気汚染物質　71
耐光性　56
退色　58
耐折強度　21
卓越周期　150
田中久重　65
単位水蒸気量　18
短時間強雨　164
断熱膨張　4
地球温暖化　164
地球温暖化指数　136
窒素酸化物　74
超音波防犯センサ　180
調査記録　200
調湿剤　29, 30
チリ地震　146
通風乾湿球湿度計　37
低温処理　112
抵抗温度計　9, 12
低酸素濃度処理　111
データロガー　42
デービー，H.　65
テーラー，G.　22
電気式湿度計　41
電気抵抗式湿度計　37
展示ケース　28
電磁波　45
電磁媒体の耐久性　23
電磁波防犯センサ　181
添着炭　86
伝統的建造物群　186
東京文化財研究所　192

凍結乾燥処置　168
凍結破壊　8
東北地方太平洋沖地震　146, 150
登録博物館　193
登録有形文化財　186
特定ハロン　137
特定フロン　137
独立栄養生物　94
ドップラー効果　181
土のう　167
トムソン，G.　32
トムソン，W.　2
ドーリー　128
ドルトンの法則　17

ナ行

ナイロン糸　159
ナイロン湿度計　36
中村修二　68
難燃処理　142
新潟県中越地震　150
二酸化炭素　135
　──消火器　140
　──消火設備　139
　──処理　111
日本学術会議　199
日本博物館協会　197
熱感知器　144
熱感知防犯センサ　179
熱起電力　10
熱交換器　26
熱電対　10, 13
熱平衡　9, 10
熱容量　3
熱力学的温度　2
粘着マット　160
能登半島地震　150

ハ行

ハイサグラフ　22
バイメタル　12
　──温度計　9, 12
破過　87
白色LED　69
白熱電球　66

博物館資料保存論　193
博物館相当施設　193
博物館の倫理　196
博物館法　192
曝涼　26
ハザードマップ　167
白金測温抵抗体　2, 13
発光ダイオード　68
パッシブインジケータ　78
パッシブサンプリング　78
パッシブセンサ　179
ハリソンの損傷係数　56
ハロゲン化物消火器　140
ハロゲン化物消火設備　136
ハロゲン電球　66
ハロン1301　136
ハロン代替消火剤　137
ハロンバンク推進協議会　137
バンダリズム　170
避圧口　141
比視感度　45
ヒステリシス　40
ピッキング　172
兵庫県南部地震　147
標準温度計　2
標準観測者　54
標準光源　49
標準比視感度　53
ファーレンハイト，D. G.　1
フィゾー，A. H. Z.　55
フィルター式測光器　54
不快指数　21
不活性ガス消火設備　138
複合材料　24
物体色　46
プラスチックフィルム貼りガラス　178
ブラック，J.　3
ブラッドリー，J.　55
プランクの放射則　15, 50
振袖火事　130
フリッカ　68
ブルースケール　56
フロートガラス　177
ブロンズ病　76
文化財の価値　198
文化財保護法　185

索 引

文化財保存修復学会 199
文化的景観 186
粉塵 76
粉末消火器 140
粉末消火設備 139

平均演色評価数 51
平衡含水率 30
平年値 164
ベニス憲章 196
変色試験紙法 78

ボイル-シャルルの法則 17
宝永地震 147
防火 142
防火区画 143
放射温度計 10, 14
防犯ガラス 177
防犯環境設計 170
防犯診断 171
防犯センサ 179
防犯対策 175
飽和水蒸気圧 18
飽和水蒸気量 18
保存環境づくり 200
保存環境の履歴 24
保存修復の職業倫理 198
保存箱 32
炎感知器 144
ホルムアルデヒド 72

マ 行

マイケルソン, A. A 55

マグニチュード 146
マグネットスイッチ防犯センサ 182
マップケース 149
マンセルの色立体 48
マンセル表色系 48

三浦順一 66
水系消火設備 132
水消火器 140
水噴霧消火設備 134
民俗文化財 186

無形文化財 186

明順応 64
明度 48
メクレンブルグ, M. F. 123
メタメリズム 47
免震装置 155

毛髪式湿度計 36
毛髪湿度計 40
木材 77
モリナ, P. J. 136
モントリオール議定書 137

ヤ 行

融解熱 5
有機エレクトロルミネセンス 68
有機酸 73
有形文化財 186

輸送 120

陽圧 84
予作動式スプリンクラー設備 133

ラ 行

落下高さ 122
ラプラス, P. S. 3
ラボアジェ, A. L. 3

陸屋根 168
リサイクルハロン 137
硫化水素 75
倫理規程 199

ルクス 53
ルーメン 52

冷却器 27
冷却式露点計 41
劣化 6
レーメル, O. 55

漏水 28
ロッキング 151
露点 17, 18
露点計 41
ローランド, F. S. 136

ワ 行

ワックス 160
ワット 4

著者略歴

三浦定俊（みうら・さだとし）

- 1948 年　鹿児島県に生まれる
- 1971 年　東京大学工学部卒業
- 1973 年　東京芸術大学大学院保存科学専攻修了
  東京国立文化財研究所
- 2008 年　（財）文化財虫害研究所
- 現　在　（公財）文化財虫菌害研究所 理事長

佐野千絵（さの・ちえ）

- 1959 年　東京都に生まれる
- 1988 年　東京大学大学院理学系研究科博士課程修了
- 1989 年　東京国立文化財研究所
- 現　在　（独）国立文化財機構 東京文化財研究所
  文化財情報資料部 部長
  理学博士

木川りか（きがわ・りか）

- 1965 年　福岡県に生まれる
- 1993 年　東京大学大学院理学系研究科博士課程修了
  東京国立文化財研究所
- 2015 年　九州国立博物館
- 現　在　（独）国立文化財機構 九州国立博物館
  学芸部 博物館科学課長
  理学博士

文化財保存環境学　第 2 版　　　　　定価はカバーに表示

2016 年 11 月 25 日　初版第 1 刷

著　者　三　浦　定　俊
　　　　佐　野　千　絵
　　　　木　川　り　か
発行者　朝　倉　誠　造
発行所　株式会社　朝　倉　書　店

東京都新宿区新小川町 6-29
郵便番号　162-8707
電　話 03 (3260) 0141
Ｆ Ａ Ｘ 03 (3260) 0180
http://www.asakura.co.jp

〈検印省略〉

ⓒ 2016〈無断複写・転載を禁ず〉　　中央印刷・渡辺製本

ISBN 978-4-254-10275-8　C 3040　　Printed in Japan

JCOPY 〈(社)出版者著作権管理機構 委託出版物〉

本書の無断複写は著作権法上での例外を除き禁じられています。複写される場合は、そのつど事前に、(社) 出版者著作権管理機構（電話 03-3513-6969、FAX 03-3513-6979、e-mail: info@jcopy.or.jp）の許諾を得てください。

桜美林大 浜田弘明編
シリーズ現代博物館学 1
博物館の理論と教育
10567-4 C3040　　　　B 5 判 196頁　本体3500円

改正博物館法施行規則による新しい学芸員養成課程に対応した博物館学の教科書。〔内容〕博物館の定義と機能／博物館の発展と方法／博物館の歴史と現在／博物館の関連法令／博物館と学芸員の社会的役割／博物館の設置と課題／関連法令／他

東京理科大 中井　泉編
日本分析化学会X線分析研究懇談会監修
蛍光X線分析の実際　第 2 版
14103-0 C3043　　　　B 5 判 288頁　本体5900円

試料調製，標準物質，蛍光X線装置スペクトル，定量分析などの基礎項目を平易に解説し，さらに食品中の有害元素分析，放射性大気粉塵の解析，美術品をはじめ文化財への非破壊分析など豊富な応用事例を掲載した実務家必携のマニュアル。

くらしき作陽大 馬淵久夫・前東芸大 杉下龍一郎・
九州国立博物館 三輪嘉六・国士舘大 沢田正昭・
東文研 三浦定俊編
文化財科学の事典
10180-5 C3540　　　　A 5 判 536頁　本体14000円

近年，急速に進展している文化財科学は，歴史科学と自然科学諸分野の研究が交叉し，行き交う広場の役割を果たしている。この科学の広汎な全貌をコンパクトに平易にまとめた総合事典が本書である。専門家70名による 7 編に分けられた180項目の解説は，増加する博物館・学芸員にとってハンディで必須な常備事典となるであろう。〔内容〕文化財の保護／材料からみた文化財／文化財保存の科学と技術／文化財の画像観察法／文化財の計測法／古代人間生活の研究法／用語解説／年表

前東大 尾鍋史彦総編集　京工繊大 伊部京子・
日本紙パルプ研 松倉紀男・紙の博物館 丸尾敏雄編
紙 の 文 化 事 典
10185-0 C3540　　　　A 5 判 592頁　本体16000円

人類の最も優れた発明品にして人間の思考の最も普遍的な表現・伝達手段「紙」。その全貌を集大成した本邦初の事典。魅力的なコラムを多数収載。〔内容〕歴史（パピルスから現代まで・紙以前の書写材料他）／文化（写経・平安文学・日本建築・木版画・文化財修復・ホビークラフト他）／科学と技術（洋紙・和紙・非木材紙・機能紙他）／流通（大量生産型・少量生産型）／環境問題（パルプ・古紙他）／未来（アート・和紙・製紙他）／資料編（年表・分類・規格他）／コラム（世界一薄い紙・聖書と紙他）

日本写真学会編
写 真 の 百 科 事 典
68023-2 C3572　　　　B 5 判 420頁　本体12000円

近年のデジタル写真システムの発達により，写真の世界は大きく変貌している。本書は写真（デジタル・フィルム両システム）の本質を知る執筆者が「良い写真を撮る」という観点から解説した，新しい事典である。写真を趣味とするハイアマチュアから写真関係者にとっての常備書。〔内容〕歴史／光源／カメラ／画像の加工と編集／画像の出力／銀塩写真感光材料／画質／画像の保存／撮影技術／応用・文化（芸術，記録，写真の楽しみ方）／写真の諸権利／標準

前農工大 佐藤仁彦編
生 活 害 虫 の 事 典（普及版）
64037-3 C3577　　　　A 5 判 368頁　本体8800円

近年の自然環境の変貌は日常生活の中の害虫の生理・生態にも変化をもたらしている。また防除にあたっては環境への一層の配慮が求められている。本書は生活の中の害虫約230種についてその形態・生理・生態・生活史・被害・防除などを豊富な写真を掲げながら平易に解説。〔内容〕衣類の害虫／書物の害虫／食品の害虫／住宅・家具の害虫／衛生害虫(カ，ハエ，ノミ，シラミ，ゴキブリ，ダニ，ハチ，他)／ネズミ類／庭木・草花・家庭菜園の害虫／不快昆虫／付．主な殺虫剤

上記価格（税別）は 2016 年 10 月現在